用心字里行间　雕刻名著经典

商务印书馆(成都)有限责任公司出品

本书所获赞誉

我希望在寻找自我、改变职业和人生决策还充满希望的年纪，身边有像他（史蒂曼·葛瑞汉）一样的人启发我……我所需要的一切，正如他所阐述的，只是成功的"步骤"。

——贾尼斯·琼斯（Janice Jones），国际青年成就组织纽约部

史蒂曼·葛瑞汉很多年前就已洞悉成功人生的秘诀，那就是不要让别人来定义你是谁，而要学会定义你自己。这是一本发人深省的书，它让我们了解，发现你真实的同一性并不像看上去那般容易。这本引人入胜的书讲述了很多令人振奋的真实故事，包含了许多改变人生的真知灼见，它能让你从自以为是中摆脱出来，促使你思考你到底是谁？真正珍视的是什么？你想拥有怎样的人生？千万别错过这本精彩好书。

——肯·布兰佳（Ken Blanchard），
合著有畅销书《一分钟经理》和《更高水平的领导》

弄清楚你是谁，并根据你自己对成功的定义来生活。史蒂曼·葛瑞汉的这本书提出了发人深省的问题、方法和故事，促使你走向成功。它是你必读之作！

——斯图亚特·约翰逊（Stuart Johnson），
Videoplus公司的创始人和CEO，SUCCESS公司合伙人

史蒂曼·葛瑞汉高屋建瓴，书里都是肺腑之言。他深刻的见解和睿智的建议是我们通往成功的指路明灯，其价值无法估量。

——切斯·埃德尔斯坦（Chas Edelstein），阿波罗集团联合总裁

这是一本鼓舞人心、真诚直言和浅显易懂的图书，它教你如何在充满个人挑战的世界里，了解你的同一性，做出人生重要的选择，更好地适应这个世界。书里的故事给人启迪——史蒂曼的实践智慧和九步成功术能让你走出自己的道路。每个人都可以用它来追求成功。

——艾略特·瓦瑟尔（Elliott Washor），
大图学习公司的共同创始人、董事

史蒂曼的书读起来精神振奋，发人深省。他分享的成功故事令人震撼。这本书引领我们前行，让我们看到自知力的重要性，以及同一性如何影响我们的生活和身边的人。这是一本见解深刻、激励人心和人人必备的好书。

——劳拉·斯坦斯伯里（Laura Stansberry），
富国银行财富管理集团高级副总裁

史蒂曼·葛瑞汉在这本书里，驾轻就熟地带领我们走过一段发现自我的旅程，最终你的人生目标、途径和天赋都将灿烂地展现在你的眼前。实事求是地说，这本书可以改变你的人生。苏格拉底有句名言：认识你自己。我认为最好的投资就是不断丰富和发展你的内心世界；这样外部世界就会完美地投射出你的内心世界。如果你正准备将你的才能提升至全新的水平，本书绝对是你必读的。史蒂曼的文笔引人入胜；

每一章的人物故事、精心构思的问题和练习都值得你反复回味！

——玛丽·史密斯（Mari Smith），社交媒体领导者，著有《新关系营销》

我们常常认为，自己完全知道这一生要做什么、怎样做，清楚地了解我们是谁。史蒂曼·葛瑞汉在这本书里，明确地指出人生最重要的事情就是认识和了解自我，以及找到真实同一性的方法。即使我们自以为很了解自己，这本书也能增长我们的知识，从而彻底地改变我们的生活。史蒂曼引用了很多吸引人的故事和启发思考的问题，这使得他的转型步骤更加清楚，易于理解。

——芭比·狄波特（Bobbi DePorter），量子学习网络/超人营总裁；著有《量子成功》《量子教学》和《卓越的8个关键》

史蒂曼说出了我们湾流公司长期以来秉持的信念：没有保持现状这回事。要想成功，你必须拥有愿景和达成愿景的规划。任何希望掌控自己命运的人，都可以把这本书作为路标，不论是在个人生活还是在职业生涯上。

——赖瑞·弗林（Larry Flynn），湾流航空公司总裁

大多数人都甘于平庸——不是因为缺乏天赋的潜能，而主要是因为他们对泛泛之爱的珍视程度超过了卓然超群的独特性！史蒂曼·葛瑞汉的这本书打破常规，解放了我们的心灵，让我们突破外部的局限。踏上这一旅程吧！

——T.D.杰克斯主教，资深牧师

史蒂曼做到了！人类的潜力并不是建立在外界如何看待你的基础之上，而是建立在你如何看待你自己的基础上。要获得真正的成功，你必须先找到你的真实同一性。这本书正是解决这一问题的。它将为你提供必需的工具、步骤和愿景，改变你的生活和影响身边的人。任何时候发现你是谁都不为迟！

——兰迪·戈恩（Randy Garn），Propser 公司公关总监

史蒂曼·葛瑞汉向我们展现了自我同一性有多重要，以及真实的生活如何带给你自由。他的成功方法会指引你前行的每一步。

——格雷格·玛希斯（Greg Mathis）法官

史蒂曼·葛瑞汉告诉我们，通过清楚而明确地理解你是谁，你就可以改变你的人生。如果你明确了自己的同一性，你所选择的人生愿景也就清晰了，这一愿景就会变成你的未来。本书的确是你迈向成功的通行证——帮助你发现人生的意义所在！谢谢你，史蒂曼，因为你是一位拥有如此深邃思想的开拓者。

——凯文·霍尔（Kevin Hall），著有畅销书《抱负》
（30 年来读者评价最高的个人发展类图书）

自 知 力

建立自我同一性，打造成功通行证

〔美〕史蒂曼·葛瑞汉 著

王伟平 译

商务印书馆
2013年·北京

Stedman Graham

Identity

ISBN 0-13-287659-0

Copyright © 2012 by Stedman Graham

All Rights reserved. No part of this publication may be reproduced or transmitted in any form or by any means, electronic or mechanical, including without limitation photocopying, recording, taping, or any database, information or retrieval system, without the prior written permission of the publisher.

This authorized Chinese translation edition is jointly published by Pearson Education and The Commercial Press. This edition is authorized for sale in the People's Republic of China only, excluding Hong Kong, Macao SAR and Taiwan.

Copyright © 2013 by Pearson Eduration and The Commercial Press.

中文简体字本由培生公司授权出版

谨以此书献给奥普拉,她适得其所,因为她总是知道自己是谁。谢谢你成为我生命中的老师。你让我得以转型,并在全世界影响其他人的生活。

献给我的女儿温迪——感谢你的洞察力、个人反馈和对爸爸的支持。

献给我的姐姐安尼塔、葛瑞汉家族、雅各布家族和波尔丁家族的后人——你们的指引和支持给予我力量,让我砥砺前行,永不放弃。

我还要把此书献给那些太多无法叫出名字的人,你们影响了我的生命,从你们身上我也获益良多。千言万语无法表达我的谢意。这本探讨同一性的书是我潜能的基石和源泉。我希望能与全世界的人分享这些知识和人生哲学。

神爱世人。

致　谢

我要感谢简·米勒（Jan Miller）多年来担任我的出版经纪人。感谢你对我本人和我的工作的信任。你是我最坚定的支持者。我还要感谢米勒团队的莎伦（Shannon），谢谢你不知疲倦地工作和对本项目的贡献。

斯图尔特·埃默里（Stewart Emery），谢谢你的观点、思想、写作和对本书的协助。不论在哪里，你都是最有才华的人。还要感谢鲁斯·赫尔（Russ Hall），你与我心有灵犀。

感谢培生教育集团的蒂姆·摩尔（Tim Moore），谢谢他促成本书得以出版，以及他的编辑能力和卓越才能，许多项目都得以如此成功。

感谢克里斯汀·安杰斯（Kristin Andress）一直持续的工作和对本项目及许多其他项目的贡献。这些年来能与你共事是我的荣幸。

特别感谢我的支持团队：LeVette Straughter，Nadia Estrada，Valera Yazell，Paula Collins 和 Amanda Garcia。

作者简介

史蒂曼·葛瑞汉（Stedman Graham），1951年3月6日出生，是美国企业家、教育家、作家和演说家。葛瑞汉是 S. Graham & Associates（SGA）公司的董事长和 CEO，SGA 是一家总部设在美国伊利诺斯州芝加哥市的管理、营销和咨询公司。葛瑞汉为全世界的商业和教育组织发表演讲、召开研讨会和开发培训项目。他还在1985年建立了美国运动员反兴奋剂（AAD）组织，通过这家非营利机构给年轻人提供服务，至今颁发了150多万美元的助学金。葛瑞汉目前在富赛大学（Full Sail University）担任兼职教授。2008年葛瑞汉成立了一家非营利的教育基金会，传授葛瑞汉的九步成功术，帮助青少年挖掘自己全部的潜力。他目前已撰写了十部著作，其中有两本登上《纽约时报》畅销榜，即《你可以心想事成：九步成功术》（*You Can Make It Happen: A Nine Step Plan for Success*）和《青少年的九步成功术》（*Teens Can Make It Happen: Nine Steps to Success*），这些书阐述了他享有专利权的九步成功术，这是一种生涯管理和学习体系，教授你如何围绕你的同一性，组织你的个人和职业生活。

推荐序一

预测人生的最好方法是创造人生

史蒂芬·柯维（Stephen Covey）
人类潜能导师
畅销书《高效能人士的七个习惯》作者

我非常佩服葛瑞汉本人和他选择的使命。他在书里讲述了许多失败和成功的故事，非常生动地呈现了成功的方法。他本人就是活生生的成功典范，不但拥有非常明确的自我同一性，而且一生取得了持续的成功，造福社会。我还了解到，葛瑞汉热衷于帮助人们发现自己闪光的一面，挖掘自我最大的成功潜能，诚心实意，孜孜以求。

葛瑞汉先生关心个体。他很明白，愿景对人的影响远比包袱更为深远，因为葛瑞汉决不会让已往的艰难困苦决定自己的人生。这本书要表达的重要信息是，要让你的想象指引你的人生，而不是活在过去的阴影中；也就是说，要有为你自己和所爱的人创造美好生活的愿景，并坚持你的信念和激活内心的力量，来创造更加美好的生活。葛瑞汉是传递这一信息的权威，因为除了拥有传统的高等教育文凭，及重要的领导学职位外，他还坦诚披露了直面和战胜各种挑战的"街头"智慧。全世界的人，不论男女老少、文化种族和经济状况，都能从他的例子中受到鼓舞。他是少有的言行一致的人生导师。

像很多普通人一样，葛瑞汉出生于艰难困苦的环境，饱受情感的煎熬，这很容易让他成为睚眦必报、苦大仇深的人。当不可控的外界条件扼杀我们的希望和梦想时，又能有多少人像葛瑞汉一样激流勇进，成就一番伟业？我们很容易为失败开脱责任，陷入责备他人的行为模式，纠结于往事而不能自拔，几乎责怪身边的一切。当我们继续将人生所有的过错和不幸，全部归结于恶劣的环境、不良的教养或者遗传基因时，我们或许会找寻这样一类朋友甚或"专家"，他们会赞同我们的态度，为证明我们苦难的合理而提供更多的证据，这样我们就会在自伤自怜的流沙中越陷越深。有些人很小的时候，父亲就遗弃了他们，或者遭到亲人的残酷虐待；有些人面对赤贫不得不奋力挣扎，才能勉强度日。我们每个人都有要讲述的故事——非常真实的个人成长故事。事实上，这些不公平的遭遇和不人道的经历的确会让我们的生命付出代价，有时是沉重的代价。不过，受其影响还是由其决定，两者可谓天壤之别。问题的关键是，在今后的人生道路上，你是否会继续保持受害者的心态。正如葛瑞汉一语中的的教导："其他人如何看待你并不重要，真正重要的是你如何看待你自己。"

做只有你才能完成的工作，了解你究竟是谁，并遵循葛瑞汉的"九步成功术"（Nine-Step Success Process™），追求美好的人生，这样你就能学会勾勒你未来的愿景，从而找到战胜人生困境的方法。

预测人生的最好方法是创造人生。葛瑞汉的这本书饱含真知灼见，只要善加利用，就能实现你的人生梦想。就让我们跟随葛瑞汉的引领，认清自我同一性，让它成为你通往成功的通行证。

推荐序二

想要改变人生，必先改变自己

约翰·麦克斯韦尔（John C. Maxwell）
《纽约时报》畅销书作家、领导学专家

  40多年来，我一直孜孜不倦地学习与研究个人成长、领导能力和成功之道。我认为，保持学习的心态对于个人成长和事业成功至关重要。耄耋之人不会因为年老体衰而无法接受新事物，睿智之人亦不会因为经验丰富而无法学习新知识。请记住，如果你想改变你的人生，个人成长和事业成功最重要的一条真理就是：必须首先改变你自己。

  当我遇见葛瑞汉时，我就断定他也有类似的看法。葛瑞汉善于学习，经过长期的认真学习与实践，开发出一套获取个人生活和事业成功的方法，并将之提炼命名为"九步成功术"。这套方法帮助葛瑞汉取得了成功，现在他愿意与诸位分享，因为他相信这套方法也能帮助你成功。

  对于成长和成功的方法，葛瑞汉和我有着许多相同的看法。

要踏上正确的成功之路，首先必须认清你自己。你必须拥有坚定的价值观，比如诚实正直、积极乐观、遵纪守法和职业道德等。你必须组建一支团队，还必须愿意不断地变通和成长。

葛瑞汉在书中讲述了许多精彩的故事，分享了与成功人士对话所获得的启发与灵感。这些内容对你获取成功非常有益。不过，我最喜欢这本书的一点是，葛瑞汉鼓励你进取的善愿，他明确地告诉你，你也一定能成功！不管你的出身背景如何，不管你的生存环境如何，这些都无关紧要，只要你积极行动起来，你的未来就会变得灿烂辉煌。

那么，请细心品味这本书吧！希望它成为你迈向成功的通行证。

译者序

2012年3月,译者刚拿到这本书的时候,翻看了一些内容就感觉兴奋不已,深深为作者史蒂曼·葛瑞汉先生无私助人的善念所打动,这本书不仅得到两位成功学大师史蒂芬·柯维和约翰·麦克斯韦尔的专文推荐,同时也获得众多成功人士的赞誉,其中包括法官、牧师、商界领袖、畅销书作家和非政府组织成员等。

本以为很快就能译完,结果直到2012年底才完工。这本书的语言非常生动,美国文化背景知识十分丰富,很多表达如果望文生义,就会误导读者。期间通过电子邮件向作者葛瑞汉先生请教过很多问题,谢谢葛老的耐心回复。

其实,最困难的就是本书的核心词汇"identity"一词的翻译。"Identity"是心理学和社会学领域中的重要概念,也为西方国家的普通大众所熟知。根据《韦氏大学词典》,"identity"是指个体突出的品格或人格,或者就指一个人的个性所在,所以"identity"可以理解为任何特定的个体所具有的独一无二的特征以及特定的社会阶层或群体共同拥有的特征。原书采用"identity"来形容人,包括其出身门第、成长环境及从属文化,在社会上扮演的角色以及其他任何能用来界定他的事物。英文中的"identity"这个单词来源于法语"*identité*",其拉丁语词根是"*identitas*"和"*idem*",意为"同一的、一样的"。因此这个词在本质上具有比较的含义,因为它强调与其他人(或事物)在某个特定领域或时刻所共有的一致性或一体性。

心理学中的"identity"与自我形象(个体关于自己的心智模式)、自尊及个性有关,是一种对于我是谁、我将走向何方、我在社会中处于何种地位的稳定连续感。因此,英国心理学家魏因赖希(Peter Weinreich)指出:"某个人的'identity'可以定义为他全部的自我构念,其中个体当前的自我建构可以表现出持续性,连接过去的与未来期望的自我建构。"美国心理学家埃里克森(Erik Erikson)关于人格发展的理论框架建立在区分心理感受的持续性上,注重人格每个发展阶段的相对静止和动态变化,既有阶段内的持续,又有阶段外的发展,因此"identity"中的"同一的、一样的"的含义在心理学中脱颖而出,"同一性"也成为"identity"心理学意义上的标准译称,因为它包括但不限于下列含义:自己、自我、个性、人格、角色、身份、自我认知等。故而,文中的"identity"基本上都译为"同一性"或"自我同一性",在少数情况下会根据英文上下文的语境译为"身份"、"身份认同"、"自我认知"或"认清自己"。这里特别要谢谢本书的责任编辑刘冰云,仔细对照了原文,厘清不同语境下"identity"一词的具体所指。

另外，要感谢北京新曲线出版咨询有限公司总裁刘力先生对我翻译工作的鼓励和帮助，并为"identity"这一核心概念作了注释；感谢副总陆瑜女士认真地通读了全书，给出了数十处的修改建议，使译文更加通顺流畅，可读性更强。

在确定中文书名时，我与出版方也进行了热烈的讨论。如果仅用"身份"一词作为此书的主书名，显然无法涵盖"identity"的丰富内容，而用"同一性"作为主书名，则显得太过学术化，因为心理学专业之外的普通读者肯定会感到很陌生。根据《心理学大辞典》（上海教育出版社，2003，p.1781），自知力（self-checking ability）是指个体充分认知自身及其与周围环境关系的能力。最终采用了编辑的提议，以"自知力"作为本书的主书名，"同一性"放在副书名中。

最后，希望本书的读者认真阅读本书，并且勤加实践。老葛并非兜售成功噱头敛财的江湖骗子，他出身贫寒，白手起家，致力于激励青少年成长和成功，并且捐助了大笔钱财用于慈善，现在也是年过花甲的老人，助人之心，望之切切。我在翻译这本书的过程中，也深深受到其思想的震撼,获益匪浅。老子说过："上士闻道，勤而行之；中士闻道，若存若亡；下士闻道，大笑之，不笑不足以为道。"希望读者们都能成为上士。

王伟平

2013年3月8日于北京

目录 Contents

推荐序一　预测人生的最好方法是创造人生
推荐序二　想要改变人生，必先改变自己
译者序

导　言　认清自己，迈向成功　27

自知力与成功的关联 / 怎样把同一性视为你的个人品牌 / 生而为人的最大财富 / 没有坚实的同一性，人生别无选择

第1章　一切操之在你　33

活在自我设限的种族阴影下 / 自由的第一步 / 成功的步骤 / 获得选择的权利 / 深刻而全面地审视你自己

第2章　认识自我并非易事　51

你是否让别人来决定你是谁、应该成为什么

样的人，而不是由自己决定／在镜子里你看到的是谁／用十个词语来形容你自己／怎样更好地吸引他人

第3章　创建你的价值和愿景　69

你的同一性与人际交往的关联／为什么从逆境中成长能赐予你力量／与众不同让你更具吸引力／变化的意愿能让你增长才干、迈向成功

第4章　态度能影响同一性吗　89

为什么决定你是谁的权利在你自己手上／从大学辍学生到不足30岁的一流企业家／莫菲公司、Kluster公司和库奇公司——成功之路

第5章　同一性能否改变　101

要想在你生活的任何领域取得成功，必须将你的真实自我、激情和价值投入其中／乔布斯——成功之路／不要让别人的意见淹没了你内心的声音

第 6 章　转换身份，改变一生　123

你的人生一直有选择，而你却并不知道 / 你的生活重心会随着时间发生变化 / 如何提升自知力和同一性 / 为你身边的世界创造价值，为什么自我感觉会好——你感觉成功了

第 7 章　应对生命中的危机　145

无论变化是否有预期，你总能未雨绸缪 / 如何找到最佳价值并据此安身立命 / 为什么人生如逆水行舟，不进则退

第 8 章　友谊、团队合作与同一性　165

为什么与具有同样价值观的人为伍让你受益终身 / 有梦想，就必须组建团队 / 当你努力追求成功时，你交往的人既能帮助你，也可能成为你的绊脚石

第 9 章　坚持不懈，永不放弃　177

把你自己想象成一件有待完成的艺术品 / 杰克塑身——健身大师的成功之路 / 为什么你

必须与已经取得成功的人生导师为伍 / 有人打赌你不会成功时,你该做什么 / 如何忠于你的价值和远景

第 10 章　适应时代,调适身份　191

《绿野仙踪》与你 / 为什么成功者习惯于做失败者不愿干的事 / 当你清楚地知道你是谁,并展现给外界,为何成功的机会将垂青你

第 11 章　全力达成你的愿景　207

承诺反而让人完全解放——不论是在工作、娱乐还是爱情上 / 来自北越战俘营的成功经验和转型 / 九步成功术

IDENTITY
导　言

认清自己，迈向成功

时光有限，不要把时间浪费在他人的生命里。

——史蒂夫·乔布斯

你是否想过，认清自己与获取成功有着一定的关联？你是否对自己适合什么工作，感到举棋不定？或者，你从来就不敢采取行动，追求成功？

你可能认为，自己对"我是谁"（自我同一性）这一问题了如指掌。但事实却是：大多数人实际上并不清楚"我是谁"。即使你自以为很清楚，自我的认知也会发生变化、逐渐发展，最终会变得焕然一新。充分地了解自我，善加利用，就会助你成功——一切操之在你。

如果你问别人"你是谁"，回答可能千差万别："我是学生"，"我是公司储备的首席执行官"，"我是单亲妈妈"，"我是芝加哥公牛队的粉丝"。有些人则会说："我喜欢纽约扬基队"，[1]"我是双鱼座"，"我关心朋友，乐善好施"。有些人甚至可能承认，"我衣来伸手，饭来张口。"不论人们给出的简单形象是什么，都不是他们的完整写照。 所以就让我们一起启程，更全面地探索自我的奥秘，培养自知力，然后就会明白，更好地了解自己，正是我们宝贵的人生财富。

虽然书中讲述了许多成功人士的故事，还分析了各种不同的成功方法，但这本书实际上是为你而写。

阅读本书时，还请仔细思考，怎样结合自身情况，运用书中教导的方法，创造全新的未来。请仔细思索，书中的成功方法怎样才能为你所用。如果你切实运用学习到的成功原则，就能创造奇迹般的人生。随着阅读的深入，你一定会深刻地反思成功的意义所在，尤其是对于你个人意味着什么。目前，我们暂且把成功定义为：认清自我，发现你热衷的事业，并学会将

---

[1] 纽约扬基队，世界最著名的体育俱乐部之一，至今已有100多年历史，在39次美国职业棒球大联盟联赛中获得26次冠军。——译者注

它完成得尽善尽美,从而为社会创造价值。

本书的核心观点是:人生要幸福,生命要成功,必须先认清你是谁,发展自知力,建立真实的自我同一性[1]——先构建于内心,后实现于外部。

认识了自我,并不意味着就拥有强大的自我。认识自我是构建自我同一性的基础。认识自我就是悦纳自我,是一种不易为他人察觉的内部过程。然而有趣的是,他人通常能体验到这一过程,因为与悦纳自我的人相处,感觉如沐春风。随着悦纳

---

[1] "自我同一性"或"同一性"(identity)是由美国心理学家埃里克森提出的一个重要概念,与之相关的另一概念"同一性危机"可能更为公众所熟知。同一性本意是证明身份,指个体尝试着把与自己有关的各方面结合起来,形成一个自己决定、协调一致、不同于他人的独具"统一风格"的自我,是个体在寻求自我的发展中,对自我的确认和对有关自我发展的一些重大问题,诸如理想、职业、价值观、人生观等的思考和选择。个体发展从青少年期开始探索自我同一性问题,即试图搞明白:我是谁,我属于哪里,我想成为什么样的人,我的人生目标和价值是什么,等等。而自我同一性的确立,就意味着个体对自身有充分的了解,能够将自我的过去、现在和将来,组合成一个有机的整体,确立自己的理想与价值观,并对未来自我的发展做出了自己的思考。自从这一概念被提出以来,人们普遍认为自我同一性的积极获得对于个人的健康发展有着极为重要的意义,广泛应用于心理学、社会学和管理学的诸多领域。史蒂芬·柯维、埃克哈特·托尔、彼得·圣吉等人的著述中常用到这个词。但遗憾的是,中文译名混乱(有译作自我、身份、自我认同、身份认同等等),也导致其含义不清,我们建议按心理学界的专业译法,主要译作"同一性"或"自我同一性";也可根据上下文,酌情译作"身份"或"身份认同"。——译者注

自我的深入，就会对他人产生吸引力，这会给你带来诸多机会。

你也可以把同一性即身份视为你个人独特的标志。画家在作品上签名，就是要附上其个人的标志；以表明自己的身份。作家署名也是同样的道理，这本书上就有我的名字。这并非炫耀，许多人都曾著书立说，而是要表示我的身份，我乐于助人的特质，这是我引以为傲的事情。

> 你也可以把同一性即身份视为你个人独特的标志。

如此看来，认清自我并且悦纳自我，是明确自我同一性的重要前提。构建同一性的过程就是，明了自己应从事的行业，学会出色地完成工作，并且为社会创造价值。经过研究我发现，多数情况下，杰出人士都是普通人，只不过他们会做（于己十分重要的）非凡之事。他们坚持不懈，忘我投入，追求意义重大的人生目标。

> 构建同一性的过程就是，明了自己应从事的行业，学会出色地完成工作，并且为社会创造价值。

这表明，你同样有潜力创造非凡的人生。你可以开始这段有意义的人生旅程，重新整合你的工作和生活，持久地改变自我和身边的朋友。

当我认识到美国的自由企业制度[1]与每个人都息息有关时，我的人生开始取得切实的进步。在实践这套改变自我的成功之术五年后，我才幡然醒悟："哇，这是作为人类所能得到的最好礼物——没有比这更好的了。"我不得不说："哦，我的天呀，这就是自由！"我发现，世界每个角落，每天都只有24小时，每个人的成功方法其实都一样。不论你的族群所属、家庭状况、出身门第、容貌长相、宗教信仰、性别年龄如何，这套成功方法不会有任何差别——成功之道不会因人而异。于是，我开始坚信这套成功之术。我对自己说："我可以学习这套成功术，构建我的同一性，并且取得成功！"你也能学习它。请善用每天的24小时。接下来我会说明具体的方法。

这些年来，我一直在帮助人们追求成功和自由，同时我还认识到，过度依赖资讯，反而有碍成功。现如今，世界完全联通，根本不会缺乏信息。只要能登陆互联网，任何人都会面临信息超载。但是，你会因此更加明确自我同一性吗？大多数人都会回答："未必！"其实，一旦你确定了自我同一性，就能从信息

---

[1] 自由企业制度就是确保企业能够拥有在产权受法律保护的基础上所享有的自由创业权、自由经营权、自由交易权以及自由支配或处置财产权等一系列的制度安顿。诺贝尔经济学奖获得者、美国经济学家米尔顿·弗里德曼在其非常著名的《资本主义与自由》一书中指出："用'自由'来形容'企业'有什么意义呢？在美国，'自由'被理解为每一个人都有自由来建立企业的意思。"这可能是对自由企业制度最好的诠释。——译者注

的沙砾中淘取金子，帮助你实现梦想。

没有自我同一性，人生无从做出选择。你就像丢弃在墙角的自动唱机，有人走过来，丢几枚硬币，按一下按钮，就得播放他们想听的歌曲。你根本没有选择权。但是，人生未必这样悲观，我要送给你改变自我的礼物：选择的自由。

自我要健康成长，必须接触一些打动你心灵、鼓舞你进取的励志故事。书中讲述的这类故事，很早就传播得妇孺皆知，远早于互联网的诞生，甚至比书本的记载还要早。有感于此，筹备写作本书时，我拜访了很多人，收集了他们的真实故事，展示了他们认识自我的过程，整理了他们的价值观，明确了他们的自我同一性，并向外界传达了他们的声音。有些人还经历过痛苦挣扎，有时还身心俱惫。

基于保护个人隐私，许多人要求我，不要透露他们自己或者提及人物的真实姓名。我的出版人，提姆·摩尔建议我，聘请一位他熟知的作家，将这些访谈材料改编成短篇故事，这是本书的一个特色。

在接下来的章节里，你将遇到一位名叫罗布的男子及他的许多朋友，他们都住在美国中西部一座叫布莱克城的小镇。故事都是真实的，只不过为了保护主人公的隐私，更改了人名和住址。

IDENTITY
第 1 章

一切操之在你

自我设限的种族意识

我出生在美国新泽西州白保罗的一个黑人小社区,周围都是白人主导的社区。家里有六个孩子(其中两个是残疾人)。当时流行的说法是:"白保罗出来的就没好东西。"

我的童年并不幸福。大人好像只关心我那两位残疾兄弟。我还是个孩子,并不知道怎样应对这种状况。我还经常被人嘲笑,家人也遭人辱骂。所有这些让我感到非常屈辱。他们给我贴上各种标签，并且用这些标签称呼我；有些标签与我残疾的兄弟有关，有些则带有种族歧视。抵制这些不良标签时，我内心的斗争波涛汹涌，但仍然不免怀疑："万一我真如这些标签所指，该怎么办？"这种想法总会引发消极情感，于是我发现自己又陷入了另一场斗争，必须抵制这些消极态度及愤怒不平。这样，我的自尊水平逐渐降低并且缺乏自信，因为我想处理好消极情感，却不知道从何做起。一想到自己是黑人，我的大脑就一片空白，只剩下种族意识在作祟。这就是我的童年。

有了这种种族意识，我每天醒来想到的都是：肤色无法改变，人生永无转机。这种观念直接影响了我的自尊、兴趣、眼界、希望、梦想与信念系统，还直接影响了我对自己才能的认知，以及对能力发展的预期。这完全是一种自我设限的意识。

> 我是位二米高的黑人小伙。其他人会怎样看我？篮球运动员。而我也认定自己是篮球运动员。我生活在这个标签之下。

想象一下：我是位二米高的黑人小伙。其他人会怎样看我？篮球运动员。这就是标签。而我也认定自己是篮球运动员。我生活在这个标签之下。我前往德克萨斯州的阿比林，为哈定西蒙斯大学的篮球队效力。随后我去了印第安纳州曼西的波尔州立大学完成研究生学业。虽然我在那儿碰到了许多好人，但也对他们的想法和做法照单全收，从未好好倾听过自己内心的声音。我的自尊水平非常低，以至于完全无法体会生命的奇妙。正如我对《芝加哥论坛报》的迈克·凯利所言："我是个愤怒的人。我对整个社会充满愤怒，自己的权利受到侵犯，我是受害者，感觉内心似乎有个大伤口。"

直到有一天，我才幡然醒悟。这无关种族；而是因为我不知道我是谁，根本不知道成功的方法。我不知道成功人士如何思考和行动。曾有人告诉我，成功与种族肤色有关。这时，我才突然醒悟，有人花言巧语蒙蔽我，而我却信以为真。如果我相信成功与种族有关，根本无路可走，任何努力都将是竹篮打水一场空。

后来，我又面临另一个问题，就是与奥普拉·温弗瑞[1]的伴侣关系。我听到有人用"奥普拉的男友"来称呼我，也看到报摊上八卦杂志的不实报道。这很容易让我感到，自己真的是个无足轻重的小人物，不得不生活在别人谎言的阴影之下。我不喜欢出这种风头，成为他人的陪衬。

---

1 Oprah Winfrey，美国著名女脱口秀主持人，作为一名黑人，却能成为当今世界上最具影响力的女性之一，她的成就是多方面的：通过控股哈普娱乐集团的股份，掌握了超过 10 亿美元的个人财富；主持的电视谈话节目《奥普拉脱口秀》，平均每周吸引 3300 万名观众，并连续 16 年排在同类节目的首位。——译者注

认识自我才能迈向成功

我不知道该怎样应对这些问题,倘若没有掌握改变这一切的知识,即自由企业制度的运行机制和一套迈向成功的方法,我可能永远都不知道如何应对。我认识到,自由企业制度下有人取得了成功,不但能发财致富,而且还能给自己创造机会,功成名就。我不知道该怎么做才能像他们一样成功,我甚至不知道成功的定义,或者说成功的人生应该是什么样子,包含哪些要素,要投入多少努力。所以,我不得不学习应对之道:潜心钻研,与人切磋,仔细观察并认真学习。现在我知道要投入多少努力,因为我曾在美国军队服役,后来又在监狱系统工作,现在则进入商界,自己开公司。监狱的工作经历使我明白了,如果缺乏自知力和健全的自我认知(自我同一性),或者没有掌握成功的方法,人生就是败笔。

我创造的方法对我帮助极大,当然也能助你成功。它是一套成功的方法,能帮助你提高自知力,发展自我同一性,提升你的人生,最终取得成功。

通常情况下,你很难提升自己的人生,对此无所适从,因为没人教你成功的方法。你不知道该做些什么,甚至意识不到必须先为你的人生奠定基础。你找不到启动成功的方法,以改善你的生活,提升你的人生,发展你的事业。因为常规教育对你的要求，无非是好好上学，死记硬背，应付考试，反复灌输，最终忘得一干二净。所以你每天都陷入了恶性循环，日复一日地做同样的事。如此，你根本没有机会，参加发展自我同一性的工作坊。没有人会走到你身边，对你说："今天我们一起来挖掘你的自我同一性。"相反，外部力量会掌控你的人生，他们会对你说："哦，既然你不愿意花点时间思考自我，增加自己的价值，发展自我意识，建立自我同一性，我只好接管了。我将为你提供音乐、游戏、食物、杂务、工作以及所有能占据你生命的事物——尤其是能让你对号入座的标签。"你会感觉到，是生活在驾驭你，而不是你在掌控生活。你成了被动的执行者，而非能动的思考者；成了盲从的追随者，而非卓越的领导者——实际上，你已变成人生的奴隶。

如果你审视一下世界上的 70 亿人，只有 1% 的人明白自己是能动的思考者，因而他们是掌控世界的人。这就是我们社会和国家的问题所在：太多人缺乏创新精神，太多人辍学肄业，太多人放弃生命，太多人没有掌握重塑自我的技能，太多人无法控制自己的命运而疲于奔命。他们觉得，生活就像一道枷锁，束缚着自己，而自己对生活却没有丝毫的控制。

或许你也有同样的感觉。看看吧，并非只有你这样。当我开始弄明白，自己的生命缺少很重要的内容时，大约是 32 或 33 岁。正是那个时候，我才认识到，我根本不知道自己是谁，

> 我根本不知道自己是谁，也从不明白教育的价值所在。

也从不明白教育的价值所在。我当时想，"老兄，你必须接受全新的教育——你必须觉醒！"

你的状况可能刚好和我一样。中学阶段，我非常沮丧，愤怒不断在心中堆积，甚至变得愤世嫉俗。待在中学的惟一原因是篮球。成为校队的千分投篮手，是我成长的动力。篮球使我树立了充分的自信，使我免遭内心堆积的负面能量的摧毁。这样，我们就能看到影响人生天平的两个砝码：资产与负债。成功取决于资产相对于债务的盈余。现在请思考，你这一生，阻碍你创造财富的负债有多少？心态对比（积极对消极），好坏对比，爱恨对比，事理亦然。

掌握成功的方法非常重要

30多岁时，我就打下了非常好的基础，人生转机即在于此。我曾到欧洲打篮球，并且周游各地。我还曾在美国军队服役，这有助于我建立一定的知识体系。我一步步地积累实力，努力寻找成功的知识体系，因为我需要它。随后，我在监狱系统工作了五年，这也有利于我建立成功的知识体系。有些人反感任何形式的知识体系，但这并不表示我们不需要它。天幸我非常清楚，自己必须掌握成功的知识体系。

再次回想中学时光，我意识到，当时自己非常活跃。我是学校乐队的指挥，经常参加各种篮球比赛，并且积极参加学校社团活动。教堂和少年棒球联盟这类机构，是我很棒的支持系统。所以，公平地说，外界也给予了我很多力量，尽管我还得应对诸多消极事物。这就像积极思维和消极思维在内心竞争角逐，我必须权衡全局。当时，我并没有一套行之有效的方法，摆脱自己的噩梦。

如果你觉得不能掌控自己的人生，就必须像我一样顿悟："哦，并不只有我这样。"成千上万的妇女相信，她们无法取得成功，因为她们是妇女。在我的故乡，有色人种都相信，因为肤色他们无法成功。这就是他们的标签。并非只有我这样。因为自己是某一种族，就认为自己享有特权的家伙；因为自己是白人，就认为自己比其他人种优越的家伙，统统给自己贴上了标签。他们还笃信这些标签。

或者你也可能相信，自己没有成功，是因为母亲或者父亲告诉你，你一无是处，永远不可能出人头地。那么，你就认可了所有这些标签。

> 我意识到，这世上并非只有我一人贴有标签。我还认识到，撕下标签的方法，就是不要让他人来定义你。你必须定义你自己——只要你知道方法，就一定能做到。

我意识到,这世上并非只有我一人贴有标签。我还认识到,撕下标签的方法,就是不要让他人来定义你。你必须定义你自己——只要你知道方法,就一定能做到。

这就是我发明"九步成功术"的原因,你做任何事情,都可以应用这套方法。我敢保证,它能让你在个人生活和工作领域,都有所建树。但你必须心中有数:必须做到目标明晰、重点分明、统筹安排、持之不懈、发展技能、集思广益,还必须提升你的精神境界,从而奠定成功的基础。那么你就能将之应用于更广阔的领域,实现你的期望,取得更大的成功。

你有选择的能力

传统的学校教育,与你真正应该掌握的成功之道,恰恰背道而驰。基本上,学校教育能让你成为熟练的工种。社会需要普通的劳动者。所以教育系统教会你怎样做好劳动者,怎样寻找工作,怎样储备知识,走入社会,完成工作。你就像计算机程序一样,每天重复做着基本同样的事情。如果你对此深信不疑,就掉入了人生的陷阱,因为你已经安于现状。要是没有外部干预,或者意识不到,你要做的远不止你目前的日常工作,你就不会采取行动,改变现状。根本不可能。如果没有人训练你这样做，或者你没有进行自我训练，你断然不会改变现状。

你需要外部力量干预，这正是本书要为你做的。我将走入你的生命，对你大呼："你一直在昏睡，该醒醒了。"芸芸众生，大部分人都浑浑噩噩地过活，就像被人催眠了一样。他们没有任何目标，没有任何人生愿景。他们或许有一些每日要完成的目标，只不过今天的目标与昨天并无二致。日复一日，年复一年，永无变化。没有持续进步的方法，看不到通往成功的道路。你要去往何方？五年之后要成为什么样的人？十年呢？你这一生要创造什么？

许多人并不知道他们能改变现状。他们甚至不知道自己能创造愿景，甚至根本不知道愿景是何物。为什么？因为学校没有教过这些。所以我创立了一套成功的方法，只要身体力行，就能改造自我，重塑自我，实现之后，周而往复。我必须找到一套系统的方法，因为只有系统的方法，才能让我发挥到极致，最终我找到了这套方法。发现了这套方法的好处后，我才领悟到："哦，有很多事情没有做，原来是因为找不到完成的方法。"于是，我开始组织规划自己人生的每个部分，付诸于成功方法的实践，以增加自己的价值。我意识到："这需要能力和技能，需要执行能力，需要创造价值。"这远超出自我至上的问题——"世界能给我什么？"我的成功体系关注的问题是，"我怎样达成目标并创造价值？"

你需要创造价值。这非常重要。你住在芝加哥的富人区，还是穷困潦倒地住在芝加哥的廉租房社区，这并不重要。问题在于，你怎样才能挣脱环境的束缚？怎样才能在日常工作之外有效地行动？你能发展何种成功方法？怎样行动才能提升你的人生价值？

只要知道成功的方法，就可能实现自己的价值。因此我必须找到成功的方法。我非常关注奥普拉和她取得的成就，发现她的力量来自内心。她的思维方式与众不同。我们都在寻找成功之道，但奥普拉很早就已找到。她知道内心追求和外部世界的差距，并且变得更加聪颖好学，雷厉风行。她能将成功的方法运用于实践。而我还没找到它。如果我换一种思维方式，或许已经早早地掌握它了，但当时我并不明白成功方法和积极思维的价值所在。我并不擅长思考。

那么，擅长思考有什么特征？善思者感知灵敏，做事专注，他们掌握了整合纷繁芜杂事物的方法。善思者善于学习思考，拥有强烈的自我意识。善思者喜欢探究，思虑周详，还能根据事物运行的原理整合事物。谁能传授思维的技巧，进行思维训练？我们不能代人思考。但我会尽力帮助你做到这一点。

认识自己，明确身份

本书强调的一个重要观点是，你必须明白内在世界和外部世界的差别。如我所言，这本书全都是为你而写的。你一定要自己探索，从书中故事汲取教训。我们容易为他人的经历打动，所以我讲述了很多人物的经历。当然，仅有信息并不足以让你脱胎换骨。

要想从本书持续获益，就必须集中精力做好主业。聚焦很重要。一旦你迷失了人生焦点，就会寸步难行。面面俱到，却一无所获。你没有人生焦点吗？你最好确立自己的人生焦点，然后弄清楚自己要做的工作，并且坚持下去。这是你创造卓越的惟一方法。舍此之外，别无他途——如果不能创造卓越，又怎么可能成为独立的学习者或善思者？如果你没有优秀的个人形象，没有一定的事业基础，让你脱颖而出，又怎么可能超脱现行体制的束缚？这一切又回到我一直在讨论的主题，那就是价值。如果没有一点过人之处，这世上又有谁会重视或尊重你？

最重要的一点是，一切操之在你。你可以决定做领导者还是倒霉蛋。一起取决于你自己。

> 最重要的一点是，一切操之在你。你可以决定做领导者还是倒霉蛋。一起取决于你自己。

你认为自己没这种能力

吗？这是世上最糟糕的想法。你的机遇不会比我少。只是你不肯相信而已。你只是难以相信，自己也能把握机遇。你害怕成功，害怕成功转瞬即逝，因为你一生都在自我挫败。基于这种心态，你可能会形成失败的条件反射，但你可以打破它。

我希望你明白，这是一种内心的历程。一旦行之于外，你最好知道自己在做什么。一旦你由内而外融入社会，如果准备不充分，可能会受到伤害。所以，我会努力帮助你彻底改变你的思维方式，让你由弱变强。你必须学会坚强。你必须相信自己，激励自己采取行动。你必须关注自己。没有你的参与，任何事都无法完成。不要担心他人是否在意你。相反，要对自己说："我要掌控自己的生命，因为，如果坐等外部世界控制我，就只能陷入困境。"

通往自由和成功旅程的第一步，就是检查你的同一性或身份。虽然不像看上去那么容易，但还是能做到。如果要正式地定义同一性，我会说你的同一性建立在你的激情和所爱基础之上。同一性还包括：清楚地了解你的价值所在，你个人怎样定义成功。弄清楚你个人对同一性的定义，非常有价值。每个人的同一性都不同，但你或许已经对此有些想法。你可能还不知道怎样最大限度地运用它，或者不知道怎样利用它强大自己。你可能认为自己身份卑微，或者觉得它还没有完全定型。你还可能想以已有的身份换取另一个不同的身份。即使你完全明确了你的身份，仍有工作要做。你必须不断地重新定义你自己。持续不断地重塑自我非常重要，它决定了如何开创你的形象或标志。重塑自我是不断提高、不断修正、不断学习的过程。

长期以来，我一直在写作和传授"九步成功术"。一路走来，我开始认识到，仅仅运用"九步成功术"未必能成功，除非你非常清楚自己是谁，并且拥有由愿景驱动及由价值限定的身份。尽管如此，这些步骤还是很重要，如果你正在着手认识你自己并明确自己的身份，那么请放心地遵循它们。

我会在书中不断反复提及这些步骤。

九步成功术

第1步　检查身份——探查你的同一性或身份。弄清楚你究竟是谁。成功取决于清醒的自我意识。

第2步　创设愿景——明确的愿景能为自己的事业及个人生活树立有意义、现实的目标。

第3步　规划行程——合理的行动计划能让你的工作始终指向你的目标。

第4步　掌握规则——你必须恪守一些原则，如诚实、信任、努力、决心、积极态度等，以免迷失人生方向。

第5步　**勇于挑战**——敢于冒险。要成长,就必须离开你的舒适区。请记住,风险是生命的天然组成部分;原地踏步只有死路一条,变化和成长就意味着风险。

第6步　**因应变化**——如果只是重复昨天的行动,明天的结果不会有任何变化。

第7步　**组建团队**——与能帮助你实现目标的良师益友建立支持性的和睦关系。组建你的梦之队。

第8步　**赢在决策**——你的成败得失都是过去决策的结果。现在的选择是你人生最大的挑战。请仔细思考,决策对你的个人生活、家庭、事业以及长远愿景的影响。

第9步　**忠于愿景**——尽你所能地实现人生目标。热忱和坚定能蕴育卓越,而卓越能导向成功。挑战是一种能力,能让你适应多变的世界,学会成长,永不屈服,永不放弃。

请你思考

你可能会问,怎样才能比过去更好地认识你自己。但事实上,很少人真正了解自己,这可能也包括你。苏格拉底曾说过:"未经反省的人生毫无意义",他指的正是此意。请你认真、深刻地审视一下谜一样的你。要考察你的人生，又该从哪里入手呢？

1. 小说或电影通常会描述人物的追求，藉此我们能更好地了解故事的主人公。那么，你这一生又有什么需求、愿望和渴望？你有激情驱动自己前进吗？你是粉丝吗？你有嗜好吗？你的最后一个愿望是什么？什么梦想造就了真正的你？

   _____

   _____

   _____

2. 请思考在人生各种变数上，你处在什么位置——偏低、偏高还是居中。你外向还是内向，文静还是吵闹，幽默还是木讷，诚实还是狡诈，领头人还是跟随者，喜欢猫还是喜欢狗[1]，善于倾听还是善于发言，是文人雅士还是凡夫俗子，是班级小丑还是学习尖子，是无私的奉献者还是贪婪的索取者，能够自我激励还是需要他人指引，等等。

---

[1] 美国德克萨斯大学最近的一项研究发现，喜欢狗的人往往具有外向、随和、认真尽职的人格特点，而喜欢猫的人则更为神经质，更开放，喜欢体验新事物。宠物主人往往偏爱或者拥有宠物的一般特征，狗的特点有忠诚、有条理、有风度、喜欢交际、富有爱心。猫的特点有爱美、独立、镇定自若、适应能力强、举止滑稽反常。——译者注

3. 请认真思考你个人的价值。把他们写下来。诉诸文字之后感觉怎样？你是否珍视诚实、可靠、耐心或者其他品质？

4. 请几个亲密而又坦率的朋友，对你进行真实的评价。他们怎样描绘你的自我同一性？他们认为你的价值体现在哪些方面？你对自己的认识和他人眼中的你有差别吗？

5. 思考一下你成长的经历和环境。你在哪里长大？家人和朋友如何融入了你的自我同一性？你对生存现状和未来的发展方向满意吗？或者，这些只是你通往其他地方的起点？

6. 请思考，进一步认识你的自我同一性，是否有助于关注那些你想交往的人、想要达成的人生目标、个人愿望和最珍视的事物。这一过程是否改变了你的人生目标，或者修正了你对成功和财富的理解？

_____
_____
_____

7. 你有适用你自己的标签吗？其他人是否给你贴上某些标签？这些标签公平、恰当或者对你而言当之无愧吗？抑或，这些标签是否像枷锁一样束缚着你，你必须挣脱？

_____
_____
_____

IDENTITY
第 2 章

认识自我并非易事

这是发生在布莱克城的第一个故事,布莱克城是我们虚构的美国中西部的一个小镇。本书提及的所有人都是真实的,他们的故事一样真实。正如我在导言部分所指出的,故事的主人公要求我更改他们的名字和居住地,以保护他们的隐私。

卡萝是罗布在布莱克体育馆见过的锻炼最刻苦的人。卡萝她每天都来体育馆,有时一天还来两次。她在椭圆机上做运动,棕褐色的皮肤上大汗淋漓,闪着光泽,金色的马尾辫左右晃动就如节拍器般稳定,只有一缕零散的金发黏在湿漉漉的额头上。一从椭圆机上下来,擦干汗水,卡萝就与私人教练马特进行自由重量训练。马特刚好是这所体育馆的所有人和经理。之后,卡萝要参加健美操课程或者八千米的慢跑。但当她真的进入最佳状态时,一个人还会在空荡荡的健身操教室锻炼。罗布沉思道,肯定有什么驱使卡萝这么努力锻炼。

当罗布第一次看到卡萝时,并不觉得她怎么漂亮。但是,靠近之后,她宽厚的嘴唇和清澈的眼睛,以及那美洲虎一般的优雅姿态,却让罗布惊艳不已。他在动物园看过美洲虎,活泼好动地在狭小的笼子里不停地踱步。卡萝也有这些特点——优雅、自信、自尊,还有蓄势待发的能量,似乎随时准备在大草原上尽情挥洒。他认定,卡萝有一种古典美。她

> 他感觉她的内心有着渴望,或至少有某种向往。她好像盼望得到更多。

只要站在那儿,几乎不需要任何表情,就能散发出热情和温暖。她好像告诫过自己不要愁眉苦脸或者笑得太过,以免自己光滑如绸缎般的完美肌肤露出皱纹。但似乎她被什么东西束缚着。他感觉她的内心有着某种渴望,或至少有某种向往。她好像盼望得到更多。

罗布知道卡萝的丈夫贝恩是他们的家乡伊利诺伊州布莱克城最大的承包商,建造了许多开发区和商业街。他平时开着黑

色的大轿卡，抽着雪茄，称呼妻子为"小女人"。罗布听卡萝说，贝恩经常带一大群人去拉斯维加斯或新奥尔良参加盛大舞会，他们开着豪华汽车，喝着顶级香槟酒。但卡萝谈到自己的丈夫时，显然话语不多。她受够了那种生活，所以谈起来既没有热情也不快乐。她常常生活在丈夫的阴影之下。罗布知道，贝恩的那帮高尔夫球友的妻子也大多对卡萝不怎么友好。她不过是比她们年轻貌美——微不足道的一点慰藉，但对于这些人，这并非最重要的。只有来到体育馆，卡萝才成为众人瞩目的焦点，在那儿她的锻炼强度让身边的每个人既感到有趣，又感到震慑。

罗布有次看到卡萝在健身车上踩得越来越快，模式设为上坡，直到车速足以媲美环法自行车选手为止。罗布问她，她骑过的距离是不是已经越过州界。她答道："远不止。"当卡萝猛踩着踏板时，罗布会不由自主地想到健身车突然冲下看台，如箭一般地飞驰出体育馆的大门。罗布再次对卡萝的驱动力感到好奇。

罗布问道："卡萝，究竟是什么激励你这么刻苦地健身？"

"哦，我只是想保持健康。"她露出一丝蒙娜丽莎式的微笑——这是她的招牌表情，嘴角微翘——这与她抬举哑铃和无数次仰卧起坐时的愁眉苦脸形成了鲜明对比。

这是布莱克城惟一的体育馆，而卡萝是所有前来锻炼的人中最努力的一位。布莱克城是美国中西部典型的小镇，人们都彼此认识，或者自认为是这样。有些人在这里长大然后搬走了，最近又回到布莱克城。有些人则一辈子居住于此。这儿就好像金鱼缸或者小鸟笼，每个人都抬头不见低头见。卡萝生于斯长于斯，自然难以免俗。如果生活遇到不顺心的事情，卡萝全部憋在心里，跑到体育馆一个接一个地做运动，希望把自己的性感身材塑造得更为完美，由此编织自己的梦想。体育馆是她的精神家园，是惟一令她感到快乐的地方。有次卡萝把自己十几岁的儿子带到了体育馆（他身形矮小，好像发育不良，也没有健身证），男孩趴在角落里，显得笨手笨脚、闷闷不乐，就像一堆等着烘干的湿衣服。他撅着嘴，百无聊赖地盯着自己的黑指甲，等着妈妈结束一组又长又剧烈的训练。

罗布怀疑驱使她锻炼的动机不仅仅是为了保持健康。当他听说卡萝与丈夫分居时（所有的经济保障也随之荡然无存），更证明了这一点。儿子与丈夫生活在一起。卡萝搬进了一个小公寓，在体育馆找了份工作。她勉强还能度日——但锻炼比往日更加剧烈了。

在与私人教练马特一对一的训练中，卡萝难免注意到他，有时她也会去公园观看马特打网球或棒球。卡萝的年纪比马特大了许多，以至于他的球友有时取笑他，说他带妈妈来旁观比赛。马特对此不以为意，但罗布发现卡萝的眼神表明她已经深深地爱上了马特。

有天卡萝不在体育馆。这很不正常。罗布四下打听,始得知事情原委——卡萝出了交通事故。当时是她在驾车,而汽车被撞中的正是主驾位置。她的伤势很严重。她最好的朋友莉斯贝丝在惊慌中逃过一劫,只是一点小伤。

在体育馆锻炼的几个朋友买了一个果篮,罗布和他们一起去医院探望卡萝。他们走进莉斯贝丝的病房,看到她还处在医疗观察期,锁骨发生无移位的骨折(她说是安全带使然),还受了点碰撞,额头上有一块深紫色的瘀伤。罗布不敢想象卡萝的情形。

"我们也想去看卡萝,"罗布说,"但护士说她不想见任何人。"

"她的内心好像在挣扎,"莉斯贝丝说道,嘴唇抿成一条细线。

"到底是怎么发生的?"罗布问道。

"真的很奇怪。"莉斯贝丝侧昂着头,凝视着病房的角落,就像看到那儿有块屏幕正重演着一切:"我们在去吃晚饭的路上,停车等红灯。当时由卡萝驾车。她一直在说,马特对她多么有吸引力。她向他表白了,但马特明确地拒绝了她。我正在低头写短信,就听到她踩油门的声音,感觉车子开始加速向前冲去。我抬头一看,还是红灯。我慌忙把头转向她。她看起来并未疯狂,一切都是有意为之。她不像是自杀,没有一点迹象。她神态平静，完美得像幅图画——没有一丝表情，没有渴望，没有恐惧，但有点儿茫然。我从她的车窗看到一辆卡车飞快地抢越黄灯。然后我就感到了猛烈的撞击和巨响，感觉我们被卡车碾碎，天旋地转，最终翻了个底朝天。我被抛出车外，醒来时已经在医院了。"

"卡萝呢？她……还好吗？你去看过她吗？"罗布迫不及待地问了一连串问题。

莉斯贝丝转过头来，嘴唇颤动，嗫嚅着说道："是的，我去看过她。"

罗布和朋友们面面相觑，没有人知道该说些什么或问些什么。不久之后他们走过满是消毒水气味的走廊，呼吸着外面的新鲜空气，罗布意识到，他们对卡萝的情形知之甚少。

两周之后，莉斯贝丝出现在体育馆。她在健身车上锻炼，但没有做大幅的肩部运动。罗布走近她身边，问道："你最近看到过卡萝没有？"

"见过，"她皱着眉透过车把手看着他，"但是不常见。"

"她的状况……还好吗？"

"这要看你指什么了。她的一只脚压坏了无法保留，包括脚踝以下都必须截肢。她的胸部也塌陷了。目前已动了三次手术，脸部甚至还没开始进行整形手术呢。"

"她的脸？"那张清秀、闪烁着光泽的面庞似乎浮现在罗布的眼前，完美无瑕甚至没有一丝皱纹。

"是啊，"莉斯贝丝摇着头说，"很糟，真的很糟。"

此后罗布常常会想起卡萝。她那健康、完美的身躯在训练垫上翻转的样子历历在目。没有人谈论卡萝伤势的细节，但罗布总会想起截肢、整形手术和脸这些字眼。真的很糟。

之后罗布只要看到莉斯贝丝就会询问卡萝的情况，很长一段时间里她只是摇摇头，不置一词。罗布简直无法想象卡萝经受这些磨难后还会有什么乐趣，也为自己未能直接帮助她而感到内疚。他实在不知道怎样与身处卡萝境况的人相处。他不确定自己能否处理好。

后来，有一天当罗布再次向莉斯贝丝询问卡萝的情况时，莉斯贝丝微笑了，喜悦之情溢于言表。"你知道吗？卡萝终于开始康复了，带着她过去一贯在体育馆所表现出的热忱。她好转得比预期更理想，即使整形手术没有实现她所有的希望，但已经开始显露出生机了。实际上，在某些方面，她看起来比以前更有活力。"

"真的吗？"

"你等着瞧吧，"莉斯贝丝说道，"她很快就会回来重新工作，就在这儿，就在这家体育馆。"

"她不会因为与马特的纠葛感到很尴尬吗？"

"这件事也许以前困扰着她，但现在看来不会了。"

这次谈话几周后,罗布看到卡萝重回体育馆上班了。罗布进来时,卡萝坐在办公桌后面,当她从桌后出来陪同一位前来参观的客户时,罗布看到她穿着西装短裤,露出假肢。整形手术还没有完全修复好她的面容。她的嘴角扭向一边,高高耸起,不禁使罗布想到电影《蝙蝠侠》中的小丑。体育馆里的镜子也许会让卡萝感到困扰,但她没有丝毫显露出来。这让罗布感到很吃惊。这得需要多大的勇气啊!卡萝的笑容比以前更多了——她看起来更有朝气,似乎也不在意笑起来是否有皱纹。

一段时间内,罗布在卡萝身边时仍小心翼翼,注意自己的一言一行,以免伤害到卡萝。但卡萝的脸上一直挂着笑容,比以前都更为真实。卡萝歪斜的嘴角比以前更加显眼,但她的眼睛依然闪烁着光芒。终于有一天,罗布走进体育馆的果汁吧,卡萝正在吧台里清洗和切碎石榴和香蕉。她已经洗好了备用的草莓,并且榨好了新鲜的甜橙和酸橙汁。

"你还好吗,卡萝?"

"啊!"卡萝抬起头笑着说,"你真正想知道的是我怎样才能回到这里,还与马特一起共事,对吧?"

罗布忍不住想皱眉,但还是轻轻地点了点头。

"嗯,你是否曾听说过人们面对火灾、飓风或洪水而不得不夺门而出吗?他们只会紧握生命中最重要的东西。只有在这个时候,人们才清楚地知道自己珍视什么,不屑于什么。我已

第 2 章 认识自我并非易事

经很清楚什么对我而言真的非常重要。住院期间我有很多时间思考我是谁。一开始，我认为我是个无足轻重的人。就我所知，我的父亲并不在乎我。他希望要个儿子。当我还是个小女孩时，如果我念错字，他就会把我从他的腿上推下来，说我很笨，永远无法取得任何成就。他还说，幸运的是我长得漂亮，最好能找个成功的男人来照料我。我一直记得当我放学回家时，他就会厌烦地离开我——即使后来我发现自己并不笨，只是有阅读障碍。这让我很难过。你知道，我就按他说的去做，利用我的肉体和美貌迷住了一位能照料我的成功男人。但随后我就发现自己深陷其中，感觉正在承受惨重的代价。我认为如果离开我的丈夫，自力更生可能会感觉好很多。这种状态只维持了短暂的片刻，之后内心只是感到无限的孤单和失落，好像自己整个人都几乎消失了。"

"车祸发生后，我有幸遇到一位杰出的社工帮助我康复。她让我明白了成为我自己的意义所在，不再费力成为我心目中他人想要的形象。她微笑地看着我，告诉我现在就是找寻容貌之外我拥有什么的最佳时机。"

"我并没有马上振作起来。相当长的一段时间里，我好像在黑暗的深渊中越陷越深。有生之年我从来没有抑郁过，尤其是这么长的时间。我尝试告诉我自己，这个世界上有人比我更悲惨：有人忍饥挨饿；有人流离失所，家人在战乱中丧命；有人所受的伤害远较我为甚。痛苦之深几乎让我疯狂，于是我对自己大喊大吼，夺命狂呼。'你在哭泣吗，'我吼道，'你哪里不对劲？'我试图羞辱自己，以走出恐惧。当然，也没有效果。我看着止痛药瓶和烈性白酒，心想过量服用以求解脱。我不知道为什么没有这样做——但我的确没有。"

"我感到自己在愤怒的火焰中煎熬。这只能让我感觉更为沮丧。我的身心饱受摧残，而施虐者正是我自己！然后我就到达了真正安宁之地，一种无动于衷的境地。什么都

> 什么都不重要。我对世界不重要，世界对我亦然。我感觉不到任何事物。

不重要了。我对世界不重要，世界对我亦然。我感觉不到任何事物。换句话说，这儿没有任何事物可以伤害我。你知道，这就是某种形式的解脱。我曾自问，'你想要什么？'我给不出答案。我一而再、再而三地问自己。之后某个雨天，我的心情本应跌至谷底，却突然想到了这个问题的答案。'我要活出意义，'我说道，'我希望有能力做一些事情，就如在我与生命渐行渐远之时那些所有帮助过我的人所做的。他们知道我会恢复勇气，最终，在他们的尊重和关爱之下，我做到了。我希望能有那样的重要作用，'我说道，'我要活出那样的意义。'从那一刻起，我就逐渐走出困境了。"

"哇！"这是罗布惟一能说的话。

她继续说:"你明白吗,罗布?我感到前所未有的活力充沛,人生也充满意义。我所经历的这一切让我看清楚,什么才是重要的。我一直过着未经自省的生活,只关心外表。但岁月迟早会夺去我的花容月貌。而我已经在走下坡路了。但现在我发现自己与别人的联系更密切了,我开始真正关心别人。我开始学习什么是价值,怎样规划有目标的人生。我发现自己被那些与我有着相同价值观的人吸引。有生之年我第一次切实地感到——我很重要。"

> 曾经任何人都能决定我是谁或者我应该是谁,而唯独我自己不能。现在我正在为自己找出答案,我就要找到了。

"最重要的是,"她说,"我觉得我开始真的知道我是谁了。我以前认为自己对此明了,但我错了。曾经任何人都能决定我是谁或者我应该是谁,而唯独我自己不能。现在我正在为自己找出答案,我就要找到了。迄今为止,我还挺喜欢自己找到的东西。有时候,早上照镜子时,我觉得我真的喜欢镜子里的那个人,有点破相的脸,以及所有这一切。"

"那么,这种新变化会给你的生活带来什么影响?"罗布问道。

"我的社工帮我报名了一所职业学院,她成了我的导师,"卡萝说道,"我要进入学校,成为儿童和家庭咨询师。天晓得!或许我终于能理解我儿子也不一定!作为课程的一部分,我还要给那些需要他人帮助的人提供咨询,接纳并关心他们,同时帮助他们活得更好。这一切都让我感到兴奋。我想帮助别人,正如有人帮助了我并且挽救了我。我不希望我所经历的一切发生在任何人身上,但如果我必须付出这样的代价,才能学会钦佩他们的奉献和追求的目标,那么顺其自然吧。我会凭自己的努力取得成功,同时做一些有益之事。"

罗布仔细地端详着她。在某种意义上,她曾经拥有的几乎如芭比娃娃般完美的容貌,还不及她现在的样子半分美丽,即使她的身体里装着假肢,脸上的微笑怪异地扭向一边。现在的她更有深度、更加真实,她的人生充满意义。罗布在她的身上看到了新的气息——他以前从未见过的一面——他知道那是一种自信,以前从未在她身上出现过。

第1步——检查身份

认识真实的自己,是你实现人生梦想和目标至关重要的一步。你必须了解自己珍视什么,渴望什么,以及驱动你成为你自己的原则。当你真的知道你是谁,尽悉自己的价值所在,你就会坦然地接受他人对你生命的影响,并且会敞开心扉地关爱和帮助身边的人。

第 2 章　认识自我并非易事

讨　论

当你照镜子时，会看到一个你应该很了解的人。然而对于镜子中那个对我们报以大笑或傻笑的人，其实大多数人并不了解，尽管我们自认为了解，应当了解，或理应了解。对卡萝而言，认识她自己，就经历了一段痛苦而艰难的过程，之后才敢于正视镜中的自己，并且打心底喜欢现在的自己——扭曲的笑容和所有这一切。

请用几个词来描绘你自己——一定要诚实。（这最难做到！）你的描绘准确吗？你描绘的内容是不是看上去更像其他人，或者你想成为的那个人？

你的描述是否类似于此：

忠诚，善良，努力工作，充满灵性，爱好激烈的户外活动。

还是类似于此：

内向，喜欢喃喃自语而不是与人交谈，喜欢看电视而不是运动的宅男或宅女。

注意到了吗？第一种描述集中在价值观上，而第二种则不太关注于此。你对自己的了解是否更深刻？

美国伟人本杰明·富兰克林在《财富之路》一书中写道："世上有三件东西最坚硬：钢铁、钻石和自知。"

应聘工作时，面试官会问你，"你的优势是什么？你的劣势是什么?"

约会的恋人会问你,"你喜欢什么?讨厌什么?"

刚认识的人或许会问你,"你做过的最出色的事是什么?你最想做还没做的事情又是什么?"

你的一生都在比较和对比,探索和追求。但要认识你自己却困难之极。

假如有人偷走了你的各种证件,他们只是拿走了一串数字——你的身份证号码、你的家庭住址、电话号码和银行账号。但不管多麻烦,你都能搞定这一切。窃贼可能偷走了你的金钱,但却无法触动你真正有价值的东西。

这是因为你的价值捉摸不定、变化多端,并且潜藏于你的内心深处,所以要理解究竟是什么使得你如此独一无二——功成名就或一事无成,魅力四射或人见人烦等,必然要颇费一番周折。

准确地认识你是谁,了解自己的同一性,看似容易,实则不然。最大的原因是,人们经常混淆了表面现象与内在本质——你的价值,为什么你如此行事,什么动机激励了你及其原因。

> 准确地认识你是谁,了解自己的同一性,看似容易,实则不然。

如果学校里你认识的某个同学,开始戴起贝雷帽,你就该知道他在试图表示某种新身份。同样,有个人大家都叫他小名罗布,突然有一天要大家称呼他的大名罗伯特,也是想表示某种新身份。想想在身体上纹身和打孔穿环的人——他们是否真能改变或附加某种身份?这些都只是外表的变化,肤浅的改变。这些行为仅仅是同一性的某种反映,他们试图藉此塑造自己独有的特征。这些都不是他们真正拥有的品质。

那么,什么是身份真实的特性,我们又该如何找到这些特性?有人或许会说他们非常清楚自己是谁,但他们可能受人蒙蔽,卡萝就是这样。而且,人会发生变化,然后呢?有些人终其一生都在努力弄清楚他们的身份,认清自己是谁,但似乎总是无法知其要义。为什么所有这一切如此艰难,对此你又能做些什么?

这个问题由来已久。古希腊的苏格拉底说过,完成任何事情的第一步就是"认识你自己"。他甚至还说未经反省的人生毫无意义。那么你又将如何反思自我,才能真正地认识自己呢?这正是你在本书中将要探索的内容。

请你思考

1. 你对自己是谁（你认为你是谁）感觉满意吗？有人把这叫做悦纳自我。

2. 你是否认为你向别人（你熟识的人或者初次见面的人）展现了清晰的身份？这种身份积极吗？

3. 你是否想改变你的身份，或者希望你有能力改变，或者宁愿让其他人为你改变？

如果你现在对这些问题还没有明确的答案，不要担心。如果你对这些问题都有明确的答案，最好保持一点怀疑精神。自我同一性的本质本来就难以捉摸。如果我们挖掘得很深，通常会发现身份捉摸不定的核心（我是谁及我能成为什么样的人）很大程度上取决于个体的价值，其相关的程度甚至比我们想象的还要高。那么下一章就让我们讨论价值为何是我们同一性的真正核心部分。

IDENTITY
第 3 章

创建你的价值和愿景

年迈的彻罗基族老者语重心长地对孙子说道,"孩子,我们每个人的心里都有两匹饿狼在恶斗。其中一匹代表愤怒、妒忌、贪婪、怨恨、自卑、谎言和自负。另一匹代表快乐、和睦、爱恋、希望、谦逊、善良、同情和诚实。"小男孩想了一会儿问道,"爷爷,最后哪匹狼赢了?"老人平静地回答:"你喂养的那匹。"

罗布将车停在公共停车场,望着红褐相间的砖墙建筑,不禁叹了口气,那正是布莱克城市监狱。他最好的朋友就在那儿。

二次进宫，枷锁加身，失去自由。

他跟着狱警走过一排小牢房，脚步声显得单调沉闷。艾伦已经被带到了专为探视设置的会客区。狱警在一间会客室外停了下来，说道："你可以在这儿与他交谈。"然后走到大厅的另一边等着，身体倚靠在坚固的墙上。

会客室里佝偻着一个瘦削的身躯，前臂放在膝盖上，就像盘旋在尸体上空的秃鹫了无生气，直到听到了外面的脚步声和狱警的说话声，他才抬起了头。这张慌乱惶恐的面孔，让罗布想起可能在夜晚黑暗的小巷里见过的表情：有人在拉皮条时被警察逮个正着的样子，或在垃圾筒里翻找食物的流浪汉突然抬起头的表情。这种神情混杂着古怪的情绪，羞怯中透出愤怒，自负中带着自怜，宽慰中夹杂恐惧。

罗布几乎无法相信，面前的这个人就是昔日中学同班耀眼的校园明星，那位鼓乐队队长、毕业典礼致辞的学生代表，惟一一位因成绩优秀而获得哈佛大学奖学金的校友，罗布还曾与他一起渡过暑假。

最让罗布揪心的是，他们一起长大，都认为未来充满希望，前程远大。他们一起参加过童子军和夏令营，周末一起打篮球，相约带伴参加舞会，罗布甚至还是艾伦第一次婚礼的伴郎。那时的他们觉得可以主宰世界，成功唾手可得，尤其是艾伦进入

第 3 章 创建你的价值和愿景

常青藤盟校[1]就读时。

艾伦起身走近监狱的铁栅栏,步履蹒跚犹如年迈的老人。或许艾伦真的身心俱疲了。一场车祸曾使他多处骨折,最近又因为醉得不省人事从床上摔下来,导致肩膀粉碎性骨折。这也让艾伦失去最后一份工作,这些都是很久以前的事了。因为不关心饮食的需求,亚伦已经营养不良。他认为酒中自有乾坤,酒瓶中装有他需要的一切,而且执迷不悟。罗布曾经两次调解艾伦的婚姻问题,但仍然不能挽救艾伦的婚姻。艾伦的两位妻子为他生了三个孩子,他曾用得意的语气对罗布说,自己没有为儿子的抚养出过一分钱。这次入狱是因为藐视法庭,原因是找不到工作承担抚养费。

他灰白色的长发,久未梳理,像麻花一样乱成一团。满脸的胡子拉碴,身上那件皱巴巴、肘部破了一个洞的长袖衬衫,隐约显露出一副消极愤懑、玩世不恭又绝望的狂傲形象。艾伦向前伸着细长的脖子,凸出的喉结上下跳动地说道:"这些人就是要与我作对。没有人希望我成功。"

这并不是事实。罗布就曾接济艾伦几千美元,希望能挽救艾伦第一次婚姻所面临的经济困难,但这些钱零零碎碎地花完

---

[1] 常春藤盟校是指美国东部八所历史最悠久的名牌大学,因校舍墙上有常青藤盘蔓得名,包括哈佛大学、耶鲁大学、普林斯顿大学、哥伦比亚大学、康奈尔大学、宾夕法尼亚大学、布朗大学、达特茅斯学院。——译者注

之后，艾伦的婚姻也破裂了。

艾伦两次戒酒失败后，罗布帮助艾伦的第二位妻子在他平时经常鬼混的地方找到他。艾伦可以坐在酒吧里，与陌生的酒客大吹"他在哈佛大学的风光岁月"，却听不进罗布任何的规劝。艾伦否认自己有问题，醉酒后胡言乱语。他拒绝找工作，一次又一次失足，只知道怨天尤人，呼天抢地，把自己的过错都推到别人身上，这一切让罗布心痛不已。

这位好友，曾经青春年少，前程似锦，但却遗憾地荒废了岁月。更糟的是，艾伦再也找不到他值得为之奋斗、努力实现的目标。他只能活在过去，这对于改变现状根本没有意义。罗布实在想不通他为什么会变成这样。一切都好像毫无意义，罗布也尝试了所有能做的，但都无济于事。艾伦的人生似乎突然陷入僵局，无法成长、适应、改变，甚至不能养活自己。艾伦已经无法承担对两位妻子和三个孩子应尽的责任，连一个当父亲应有的荣誉与尊严都没有。

一谈到婚姻，艾伦就激动起来，说道："我的前妻，她显然怀恨在心。"

"你不认为你能学着做一些事情吗？"罗布反问道，"总有地方可以找到工作，并且振作起来？"

"现在这些都离我远去了。"

罗布于是告诉艾伦，他的另一位朋友经受了比艾伦更悲惨的遭遇。说完故事后,他对艾伦说道:"你也能像他一样做到。"

狱警用警棍敲了敲砖墙,然后指了下手表。时间到了。

艾伦说:"我不明白,不可能做到。"

罗布叹气说:"你困在自己的囚牢之中,这就是问题所在。"

> 艾伦的故事非常具有警示意义:如果你不知道你是谁,而又没有一套安身立命的正确价值观,你就根本无法掌控自己的命运。下一个故事的主人公选择了一条不同的道路,罗布的朋友艾伦也能选择这样的道路。但很可惜,艾伦视而不见。下面就是吉姆·凯伊斯的故事。

成功之路

百视达[1]CEO 吉姆·凯伊斯

当网飞公司进军电影租赁行业,百视达同时还面临着苹果、亚马逊和红盒子等公司的竞争,许多人都认为这下百视达要玩完了。但众人却没有看到百视达公司首席执行官吉姆·凯伊斯激昂的斗志和非凡的应变能力。吉姆说他的这种应对逆境的能力和坚持到底的精神很大程度上与他的身份认同有关。

吉姆出身低微,不是含着银汤勺出生的富家公子。他说:"我出生时家里很穷,一家人住在只有三个房间的小房子里,没有自来水;寒冷的冬天只能靠烧木柴的炉子取暖;室外有个压水机可以抽井水。"但吉姆并不认为这种处境有什么问题,"我甚至从来都没想过贫穷这回事,因为我认为我们实际上非常幸福,直到五岁的时候家庭破裂了。"父母离异了,因为母亲有外遇,最终离开了家。"母亲走了之后,父亲根本没有时间照料我,他要工作赚钱,勉强维持生计。"最后不得不把吉姆寄养在亲戚家里,刚开始是跟一对新婚的亲戚住,然后就从一个家庭被丢到另一个家庭,吉姆一直希望父母能破镜重圆,或者能与父亲生活在一起。但事与愿违,吉姆说道:"我只能自己照顾自己,因

---

[1] 美国最大的影碟租赁公司——译者注

第3章 创建你的价值和愿景

为父亲每天都要工作。进入小学一年级时，我的自立性就很强，虽然只有六岁，却必须照顾好自己。我明白那种情况下没有人会照料你，必须找到从外部寻求支持的方法，否则我的日子就不太好过了。"

他的人生来到了十字路口。有次他玩自制的冲天炮时，不小心引起了火灾，差点烧光了他家的小房子。这次意外之后，很多人认为他是扫帚星。但学业上的成功让他知道了接受教育的积极力量。正如吉姆所言："我记得当我表现出色时，就会把教育视为人们表扬我的重要原因。我认识到我的同一性与人们对待我的方式及学业的成功有着重要的关系。"

> 我认识到我的同一性和人们对待我的方式及学业的成功有着重要的关系。

吉姆承认高中毕业后前途可能一片黯淡。他说："我的家人中没有一个上过大学……父母中学都没有毕业。没有一个兄弟姐妹接受过中学或职高以上的教育，所以，如果不出所料我也走不了多远。"

但是他的一位榜样却使吉姆的人生从此发生改变。吉姆的叔叔莱尼利用美国退伍军人权利法的优惠政策取得了大学学位，并成为马萨诸塞州的小城北亚当斯的教师。吉姆家每隔一段时间就会去拜访他。吉姆说："那段经历很令我吃惊，因为我的其他叔伯和姑姑与我成长的环境非常相似，家里都非常、非常穷。

但是莱尼叔叔居然有一个很漂亮的家，房子很大，书房里堆满了书籍。这很令我鼓舞，因为我认为书籍代表着教育。我将他的成功、他的自我同一性和他享有的尊严归于他的教育，正是教育使他在家族中鹤立鸡群。我清楚地记得我小时候对他非常尊敬。"

接受更多的教育，接近那些能帮助和支持他的人，逐渐成为吉姆日后追求的道路。吉姆说："作为一个被推入社会的孩子，我直觉地认识到要想自力更生地生存下去，惟一的方法是获得直系亲属之外的人的支持。因此，我很小就非常看重来自外人的尊重和支持。早在六七岁的时候，我就明白在自己的周围建立支持系统的重要性。实现这一目的的惟一方法是在他人与我互动的方式中建立我的自我同一性。我开始意识到，我后来的成功，很大程度上要归功于我在很小的时候就建立起来的自我同一性。"

> 作为一个被推入社会的孩子，我直觉地认识到要想自力更生地生存下去，惟一的方法是获得直系亲属之外的人的支持。

要接受更高的学校教育对于穷人家的孩子并不容易。吉姆承认："我不认为自己上得起大学。所以申请了离家最近的圣十字学院，如果能去那儿读书，可能会省不少钱。我可以住在自己家里。这是我能上得起的最好的学校了，不必支付房租和伙

第3章 创建你的价值和愿景

食费。"吉姆得到了这所大学的提前录取通知书,并且还有一份小额的棒球助学金。为了支付第一年的开销,吉姆还找了三份兼职工作。

进入大学后,吉姆的同一性又出了问题。他说:"大家都如此相似,这让我很惊讶。他们全都来自相似的家庭,父母双全……经济宽裕。大部分同学从出生那一刻起就知道他们将来会上大学。在这里我与其他人的差别相当、相当大。但我从小时候就建立起来的同一性中汲取了力量,我与别人的差别让我变得更加引人关注。不管是与校园里的富家子弟还是少数穷困同学打交道,我从来都不会害羞。我觉得自己在社交方面有优势,可以在不同圈子间来去自由,而这些出身好的富家子弟在与穷困学生打交道时并没有表现出同样的自信。"

这让吉姆明白了一个重要的道理:"人们往往认为出身卑微或者在少数族群环境长大是一种缺陷,是人生的败笔。讽刺的是,于我而言,这正是我的力量来源。我相信,如果没有这些不利条件的磨练,我就不会如此成功。我把成功定义为自由,成功不等于财富或地位,不等于收集一堆昂贵的奇珍异宝。"

> 人们往往认为出身卑微或者在少数族裔社区长大是一种缺陷,是人生的败笔。于我而言,这正是我的力量来源。

学校有项资助学生出国学习的计划,吉姆利用了这次机会去欧洲开阔了眼界。吉姆说："我终于争取到了伦敦大学一年的全额奖学金。我小时候生活在美国马萨诸塞州一个叫米尔伯里的小镇，这个小镇只有3000人，大部分都是白人，是个同质化很高的城镇。在家乡我接触不到其他文化。在伦敦我第一次碰到了思想和文化的多样性。比如，我在伦敦大学最好的朋友是来自巴基斯坦的学生穆斯塔克·马利克。虽然我真的不明白造成他与英国学生格格不入的文化差异，但我与他也有一个共同点。因为我是美国来的'美国佬'，所以我感到他们对我也另眼相待，觉得我说话的腔调有点滑稽可笑。我与其他学生都不一样。我的穿着不是很体面。很多时候我都是少数群体，这里也是。但孩提时代的毅力和经验让我充满力量，我像小时候一样对自己说：'嗯，我以前就与别人不一样，这还不算太糟糕。实际上我为自己的与众不同感到自豪。'我开始以身为美国人为荣，也以与众不同而引以为傲。你知道吗？这让我更加令人关注。"

这个阶段是吉姆自我同一性的转折点。正如吉姆所言："自信心一度离我远去。在最初六个月里……我走路都不敢抬起头，感觉自己低人一等，受人歧视。直到我终于意识到，问题都出在我自己的想法上。于是，我勇敢地抬起了头，坚信在异国他乡我也能创造出属于自己的身份。一夜之间，我成为校园里最受欢迎的学生，当选为我那幢宿舍的'楼长'。我的巴基斯坦室友和我都成为学生圈里最受欢迎的人。这证明我能应对任何不利的局面。"

第 3 章 创建你的价值和愿景

这段经历对于吉姆将来的事业大有助益。吉姆后来成为全球最大的便利店连锁企业 7-11 公司的总裁和首席执行官,并在 7-11 公司工作了 21 年。正如吉姆所言:"在这样一种非常多元化的环境,各种文化交汇碰撞,我能从最不受欢迎的人转变为最受欢迎的人,这让我认识到世界各地的人都是一样的。讽刺的是,这段经历在我后来去亚洲拓展业务时给了我巨大的力量,要应对完全陌生的异国环境可能会令人望而却步或焦虑不安。我包容了亚洲的文化差异,我相信这有助于 7-11 公司在全球运营的成功,我们获得了全世界 120 个国家的连锁加盟。我想大学时代的经历对于我今天事业的成功功不可没。"

吉姆在担任 7-11 和百视达首席执行官期间,面临诸多挑战,每当企业要适应新形势进行改革,他都有自己的"顿悟"。吉姆说道:"这再次印证同一性非常重要。如果你成为公众人物,受到媒体的批评,你可能会以为自己出了问题。你必须充满自信地对自己说,'这与我无关'。你构建的同一性和坚毅性格会让你明了,这确实不是你个人的问题。让你惹火上身、遭人非议的,是你在具体组织机构里担任的职位。你必须坚定地相信,这不是你个人的问题。你必须对此有自信,如果你站得稳,行得正,坚持自己的正确道路,就能化解困境。谣言会烟消云散,负能量也会瞬间转变为正能量。外部动力的好处,就是可以迅速扭转方向。今天或许所有的事情好像都顺利,但方向也可能很快改变，给你带来强大的动力。逆风几乎在一夜之间就能转为顺风。这些都是我在担任高层管理者时学到的人生经验。"

你必须坚持下去，并且真诚地面对自己，这是吉姆的成功带给我们的启示。对于你认为正确的事情，你必须尽可能保持真诚，并且坚持到底，永不放弃。吉姆在被任命为7-11公司的首席执行官并在2000年上任后不久，就提出了一项宏伟的规划，他利用自己具备的三项能力，改变自己的领导力。

第一项能力是改变的意愿。改变的意愿必不可少，因为"在前进的道路上我们经常会陷入僵局，而世界每天都在变化"。吉姆还说："尤其是处在领导岗位，必要时你一定要利用收集的信息进行改变，因为外部条件或环境已经变化了。大部分人，当然也包括大部分公司，害怕变化，形成了一种组织惰性，这使得他们根本没法适应外部世界的变化。"

> 改变的意愿必不可少，因为"在前进的道路上我们经常会陷入僵局，而世界每天都在变化"。

第二项能力是自信。敢于做出改变固然很好，但你有信心坚持到底不动摇吗？假设你驾驶着一架飞机，发现自己陷入了狂风暴雨之中，雷达屏幕提示你，必须在两个风暴之间找到空隙。你有信心坚持正确的线路，直到平安穿过风暴吗？商业界的情形也是这样。你有坚持正确的道路或者根据最重要的信息

第 3 章 创建你的价值和愿景

做出改变的决断力吗？

第三项能力是简化。吉姆说："我们面对的任何一件事情都可能很复杂，商业界尤为如此。除非你能把非常复杂的问题分解成简单的解决步骤，便于他人理解和执行，并且清楚明确地说出来，否则你无法成就任何事。简单有效的沟通，是事业和人生成功的基本准则。这三项能力是任何成功领导者所不可或缺的，因为它们对其他任何人都一样有效。"

吉姆曾被问道，根据他的人生经验和教训，对当今的年轻人有什么忠告。吉姆的建议如下："我认为，再也没有比现在更好的机遇了，

> 前进的道路上难免会有狂风暴雨或迂回曲折，但如果他们将这些坎坷视为成长和学习的机会，那么他们的未来必将辉煌。

但是，只有伸出双手，拥抱机遇才能抓住它。这就是成功的秘诀。如果今天的年轻人能明白，他们的自我同一性就掌握在自己的手上，需要自己去创造和构建自己的身份，任何愿望都有可能实现，那么前途就会一片光明。前进的道路上难免会有狂风暴雨或者迂回曲折，但如果他们将这些坎坷视为成长和学习的机会，那么他们的未来必将辉煌。我要对任何年龄段的年轻人说的最重要的一句话就是：只有接受教育才有自由。"

我很喜欢这个故事。吉姆是我的好友，令我非常佩服，他在那么小的时候就能看到不利环境中蕴含的机遇，而不是挫折和失败。在莱尼叔叔身上，吉姆看到了一个典范，人生从此改变。莱尼叔叔促使吉姆把接受良好的教育纳入了他的同一性。时至今日，吉姆还记得莱尼叔叔的书房里全是书。这一点激励了吉姆，因为他将书籍等同于教育和自己的同一性——当然还有他未来的成功。

艾伦和吉姆的差别并不在于环境。而是他们各自看待环境的方式。艾伦只是看不到机遇，而吉姆则几乎只看到机遇。这让吉姆对生活有着更深的洞察力。引用吉姆的话来说："人们往往认为，出身卑微或者在少数族群环境长大是缺陷，是人生的败笔。但讽刺的是，于我而言，这正是我的力量来源。我相信如果没有这些不利条件的磨练，我就不会如此成功。我把成功定义为自由，成功不等于财富或地位，不等于收集一堆昂贵的奇珍异宝。"

吉姆对生活还有另一番非常深刻的见解："我与别人不一样。你知道吗？这让我更加令人关注。"这些深刻的见解以及其中显现出的选择，对吉姆的核心价值有着极大的影响。吉姆实践自己的价值，言行一致。请找个安静的时间完成下面的价值评价表。回顾一下你的人生旅程。用彻罗基族老者的话来说，请思考你喂养的是哪一匹狼。

价值评价

你的价值从何而来？看看你生命中珍爱的人，想想他们的价值所在，然后回想你取得成功的时刻，什么让你感到幸福。你会发现一组共同的价值。

下面列出了75项价值。我希望你马上闭上眼睛，回忆生命里你喜欢与之为伍的人。列出其中5人（最多7人）。写下他们的名字，以便在下面的步骤里更好地记住他们。现在挑出其中一个人，并且自问："这个人的价值何在？"看看他喜欢做什么，喜欢谈论什么话题，经常看什么电视节目或电影。他的心胸开阔吗？喜欢学习吗？他是否会全力以赴地做好自己重视的事情？写下你对这些问题的想法。还请思考此人在你眼中所代表的最主要的7项价值，在下面的列表上画圈或者写在一张纸上。（如果有些价值没有包含在表格之中，可以自由添加。）

接着，请换个人重复上面的步骤，在表上画圈或者写在同一张纸上。不断地重复这些步骤，直到你完成了对这5个人的评价。

完成后请看看你选中的价值。你可能会发现相同的价值会一直出现。当我们在工作坊让参与者来做这个测试，他们在5个人身上找到的价值通常不会超过10项，因为有很多重复的价值。现在请问你自己："这些究竟是谁的价值？"这些其实就反映了你的价值。就是这么简单！你心中的价值并非你真实的价值，除非你能身体力行。而这些价值就是你正在实践的价值。当然，你可以改变。你可以选择不同的朋友来往，塑造真实的自己。

可能的价值列表

成就	成长	自尊	权力威望
进步	家庭	世故	公益服务
冒险	助人	稳定	泰然自若
爱心	诚实	财富	社会地位
艺术	独立	智慧	监督他人
社团	正直	影响力	时间自由
能力	智慧	领导力	追求真理
竞争	参与	安全感	独自工作
合作	知识	挑战问题	热爱大自然
国家	位置	亲密关系	认可和尊重
创新	忠诚	环保意识	变化与多样性
果断	挣钱	经济稳定	快节奏的生活
民主	规律	品德操守	快节奏的工作
效率	快乐	专业技能	爱你所做之事
卓越	隐私	经济收入	有意义的工作
兴奋	纯洁	内心和谐	与人分工协作
名声	品质	稳定工作	优质的人际关系
自由	声誉	个人发展	与坦率诚实者为伍
友谊	负责	体力挑战	

第 3 章 创建你的价值和愿景

第 2 步——创设愿景

你必须要有驱动你前进的抱负和梦想，这些都来自你的价值体系。据此还能确立你的短期和长期目标。这些目标能激励你学习必需的知识，掌握一定的技能，获得持续成长的工具。这些是通往成功和成就的必备要素。没有愿景和目标，没有驱动你实现愿景的努力，你的人生很容易陷入迷茫。

请 你 思 考

1. 认识并实践你的价值体系，为何对个人成长和事业成功必不可少？

_____

_____

_____

2. 很小的时候，就有人教导我们要追求成功。但真实情况可能是，告诉你要获取成功的人自己都不清楚什么才是成功。完全根据别人的梦想来做出职业和人生中的重大决策是错误的。你能说出是什么指引着你的人生吗？是你自己的价值标准还是其他人的？

3. 你必须聆听自己的心声，什么对你是重要的，而不是朋友、敌手或者亲人所说的东西。什么对你是最重要的？

4. 在商业或者其他生活领域，你如何根据你的价值体系为人处事？

5. 你是否愿意结交商业或其他生活领域的新朋友，假设他们的言谈举止都符合你所期望的价值标准？

6. 不妨质疑一下你自己的愿景和成功观念。你是否是从自己的角度定义成功，抑或只是盲目地追求一些不是你自己定义的目标？据我所知，能够持续取得成功的人对自己从事的事业都充满激情。

_____
_____
_____

7. 你是否真的知道如何才能真正做好自己喜欢做的事情？你在哪儿能找到教练或导师？请注意《美国偶像》(美国真人秀电视节目)中的选手经过大量的集训和指导之后所展现的惊人成长。

_____
_____
_____

IDENTITY
第 4 章

态度能影响同一性吗

我很相信运气,我发现我越努力,运气就会越好。

—— 托马斯·杰斐逊

罗布在中学就认识马莉卡,她的手上经常沾着墨水,随身带着小笔记本。在英文课上,经常要求老师布置额外的论文作业,这让其他同学几乎抓狂。她写过不少诗歌和小故事,还曾对罗布暗示说她已经开始创作小说,但由于太年轻,没有足够的经验"谋篇布局",尚且不论小说的题材是什么。

虽然其他孩子热衷于踢足球、班级舞会和谈情说爱，马莉卡却喜欢读书，走路时经常背着个书包，里面全是书。有段时间带着贝雷帽，为此还遭人嘲笑。在一个刺骨的冬天，她终于逮住一个机会，炫耀她那条长围巾，显得无比做作。

马莉卡成为众人捉弄的对象，大家用打油诗来嘲笑她，排挤她。但她对这些好像都不以为意。在一次高年级的集会上，马莉卡朗诵了一首非常优秀的诗歌，大部分同学都认为她肯定是从别的地方抄袭来的。但罗布明白这是在教室和图书馆读书学习、日积月累的结果。

某个夏日，罗布在布莱克市图书馆看见了马莉卡。她的书包敞开放在桌子上，书本散落出来。马莉卡忙碌地在笔记本上敲打着键盘，眼睛紧盯着屏幕。

罗布蹑手蹑脚地走近马莉卡，走到桌子前时打了声招呼。

罗布说道："徜徉在文学的世界里感觉怎样？有何收获？"

马莉卡从背包里拿出一本剪贴簿，在桌面上一推，本子滑向了罗布。剪贴簿每页都贴满了退稿通知，包括许多出版机构，从文学期刊到《纽约客》杂志不一而足。

罗布好奇地问道："为什么保留这些退稿通知？这不是只会打击你的士气吗？"

"不会，这只会让我更坚强。"马莉卡指着一堆有关写作的书说道。有些是关于遣词造句，有些则是语法运用。她拍了拍史蒂芬·金（美国恐怖小说家）的一本写作回忆录说道："这位还小有成就的家伙说过，如果你想从事写作，就应该大量地阅读和动笔。我照着做了。"

"你所有的朋友和亲人都支持你这样做吗？"罗布问。

马莉卡耸耸肩说："有些支持，有些不支持。最重要的是，我要自己决定我是谁。如果我这样做令他们不悦，需要调整的是他们，而不是我。我最先学会的一件事就是，要成功刻画书中人物的性格，就必须把他们的需求展现出来。我渴望的并不是赚钱或者扬名，而是尽我所能地创作，并且不断进步。只要写得够久、够好，其他一切都会迎刃而解，直到取得我渴望的成功。"

> 我要自己决定我是谁。如果我这样做令他们不悦，需要调整的是他们，而不是我。

罗布摇了摇头："哦，那祝你好运。"他站了起来，刚迈出几步，键盘声又响了起来。

"真是个自我激励的人。"罗布喃喃自语道。

五年之后，罗布有次上网浏览《布莱克城快报》时发现，马莉卡将在市图书馆为一项慈善活动签名售书。她的第二本小说就取得了成功，成为畅销书，并且已经有人想改编成电影了。

那天图书馆里人山人海，罗布好不容易才挤到桌子前，上面堆满了她的新书。许多买书的人都曾公开嘲笑过马莉卡。有个人刚好排在罗布的前面。当马莉卡给她签名时,这位年轻小姐说:"写书对于某些人来说就是那么简单容易。"

马莉卡突然抬起来头,看到罗布站在对面,抬起手掩饰自己的笑容。她碰了碰鼻子,朝罗布眨了眨眼。马莉卡对这位手捧签名书的老同学说道:"借你吉言,我成功了!"

第3步 规划行程

无论你是刚步入社会还是东山再起,都需要行动计划——你能实施的实现新目标的明确步骤。清晰明确的计划能让你专注于重要的事,心无旁骛,建立或重拾你的信心。

讨 论

年纪越大,我就能体会态度对人生的影响。对我而言,态度比事实更重要……我们无法改变过去……我们无法改变人们的既定行为方式。我们无法改变木已成舟的事实。我们惟一可做的就是,善于利用手中的资源,而这就是我们的态度。我坚信,我人生的10%取决于发生在我身上的事情,而90%取决于我如何作出反应。所以,你也一样……我们的态度掌控在自己手中!。

——美国著名作家　查尔斯·史温道尔

马莉卡和她的一些同伴最大的差别在于,她作出了明确的决定,自己要往什么方向发展,需要做些什么才能达成目标。她有愿景,也有计划。

> 马莉卡……作出了明确的决定,自己要往什么方向发展,需要做些什么才能达成目标。她有愿景,也有计划。

我很欣赏马莉卡的一点是,她"觉醒"得很早,而且明白什么对自己最重要,能够分辨哪些人、哪些事情是无须在意的。她努力锻炼写作技能,笔耕不辍,终于驾轻就熟。并非每个人都能这么早就认清自己的同一性,有些人可能会大器晚成。我就是属于后者——这没什么可羞愧的,只要你最终能知道问题所在并努力补救就行了。

下面是个真实的故事。为了保护当事人的隐私,我只更改了人物的名字和住址。为了进行比较和对比,我们且看看另一个年少有成的人。考夫曼创业那年才14岁,当时他坐在昏昏欲睡的数学课堂上。

成功之路

库奇公司[1]CEO　本·考夫曼

本·考夫曼曾就读于美国纽约长岛的庞德中学。他自有一套学习的方法，不会去完成老师布置的海量作业。考夫曼有过开发挂绳耳机的想法，他在读高年级时仍然不断研究。根据他的说法，在一堂枯燥的数学课上，"我想听iPod Shuffle里的音乐，但不想让老师发现我没有专心听讲。这是我的第一个问题。解决方法就是使用挂绳耳机，它可以隐藏连接iPod Shuffle的耳机线。"

这些以"Song Sling"命名的耳机，成为考夫曼创业的第一家公司莫菲（以他的两只小狗命名）的第一项产品。他在中学毕业的当天就正式成立了莫菲公司。后来考夫曼去了佛蒙特州伯灵顿的查普林学院就读，但他在这所大学仅待了一个学期。所以，考夫曼是个大学辍学生，对吗？可以这么认为，但考夫曼自己却不这么看。美国《企业杂志》也不这么看，而是把他评选为2007年"30位30岁以下创业者"的第一名。

考夫曼一身的装束通常是：黑色的T恤衫，褪色牛仔裤和匡威运动鞋。他生于1987年，与互联网诞生的时间大体相同。

1　美国知名的创意产品社会化电商——译者注

对他这个年龄而言，他是相对很有自信的。父母也对他非常信任，为帮助他创业不惜抵押房产。考夫曼在14岁就开创了自己的第一家公司，BKMEDIA，这是一家网页设计及视频制作公司，客户包括美宝莲、欧莱雅以及全球最大体育运动用品网络零售商FootLocker公司等。

在2006年1月举办的苹果世界博览会上，考夫曼凭借着为苹果第4代MP3播放器（iPod Nano）设计的模块辅助系统一举赢得最佳表现奖。这次成功帮助他从纽约乡村创业基金会筹措到150万美元的风险投资，以进一步拓展莫菲公司。

从自我同一性的观点来看，在下一年的苹果世界博览会上，什么样的人会来参展，但不推出任何新产品？在2007年的苹果世界博览会上，其他所有的辅助软件开发公司都推出了最新生产线，而考夫曼和他的莫菲团队只租了一个小展位，也没有展示任何新产品。相反，他们在展会上向3万人派送了便笺本，并邀请参加苹果世界博览会的客户亲自参与设计2007年的莫菲生产线。多有自信啊！就在2007年1月那天，考夫曼承诺从产品草案到交货只需72小时。

当考夫曼意识到自己对过程的关注远甚于最终结果，就是他对自我同一性的"顿悟"之时。这是他对人生的

> 当考夫曼意识到自己对过程的关注远甚于最终结果，就是他对自我同一性的"顿悟"之时。

重要见解。考夫曼卖掉了莫菲公司,将所有的资产投入了他创立的第二家公司"Kluster"。Kluster能为其成员提供强大的平台,可以利用成千上万人的集体智慧共同解决任何难题,做出正确的决策。许多大型的广告代理公司都普遍使用Kluster平台,各种日化消费品公司亦多采用。

公司虽然取得了成功,但考夫曼想重返产品研发。这次他走得更远,不再限于为iPod服务。考夫曼在Kluster协作决策的平台基础上成立了他的第三家公司,即库奇公司,这是一个社会化产品开发网站。库奇公司将世界连接在一起,使得新的产品理念得以转化为现实,因此影响了成千上万的人。千百年来,那些有着非凡创意的人真的非常、非常难于将这些想法转化为现实。他们不仅需要获取资本,还必须找对门路。那些天生的设计者通常能找到完成事情的方法,而那些擅于解决问题的人却常常半途而废,他们的构想只能停留在设计图纸上,永远不能转化为现实的产品。

每天提交给库奇网站的产品创意多达100多条。这些创意随后会进入公司的产品评估程序,网站会员会给这些点子打分并进行投票,同时专业的产品设计师和市场营销人员也会考量这些点子。优胜的点子会在每周五下午的产品评估会上进行讨论,考夫曼和他的团队将挑出两个创意着手实施。自此他们就进入了快速的合作阶段,从市场调研、工艺设计、机械工程到

第 4 章 态度能影响同一性吗

产品命名、挑选颜色和材质以及最终产品定型等一切事务都是群策群力协助完成的，最终产品从理念转变为现实。库奇社区的工作就是提交尽可能多的产品创意和收集尽可能详尽的资料，以帮助公司从中筛选出最好的创意。库奇在网站上推出一款新产品时，基本上都会这样说：“这就是我们挑中的产品，它的制作成本是多少。在我们真正量产之前，我们必须卖出多少件产品。"就拿杰克·兹恩设计的可变形插线板来说，公司在量产之前就已售出 960 件。在杰克的产品发布后数小时之内，所有的科技类博客都转发了这一消息。每分钟杰克都能卖掉几件产品。几小时后订单数量就非常可观，于是库奇公司开始批量生产，而这就是以独特且崭新的角度重新看待营销和生产。

当《企业杂志》询问莫菲公司一年后是否仍会生产 iPod 配件时，考夫曼答道：“天啊，我希望不会！"在此之前，莫菲公司已经推出诸如耳机分离器、调频发射器和遥控器等不少成功的产品。

对考夫曼而言，他的公司之所以拥有独特的品牌定位，关键在于产品研发流程，可以总结为：开源创新。如今这种创业理念已经深入人心。考夫曼第一个指出，最好的产品都是在解决人们的实际问题中产生的。杰克的可变形插线板就是这类产品的代表。杰克曾经为不能在插线板上固定好所有的插头而苦恼。杰克设计的产品，以及迄今为止所有库奇公司的产品，都

> 开源创新。如今这种创业理念已经深入人心……最好的产品都是在解决人们的实际问题中产生的。

代表了针对简单问题的绝妙解决之道。正如考夫曼所承认的："我们产品的最终目标,并不是片面地追求独特新颖。它们只是切实、完美地解决了日常难题。但是产品产生的过程却非常奇特,不合常规,出人意料。"

所以,只要发现问题,考夫曼和他的团队,以及庞大的网络社区就会挺身而出,寻找解决办法。不过,就我对考夫曼的了解,可以想见他那充满愿景的自我同一性不久就会带领他重新开始另一次成功的追寻。

请你思考

1. 你有什么人生规划?你有自己想达成的目标和自我成功的愿景吗?

_____
_____
_____

2. 你是否有激情、驿动的心或洞察机遇的眼光?当改变人生的

第 4 章 态度能影响同一性吗

转折点或机遇出现时，你能把握得住吗？
_____
_____
_____

3. 如果要你在笔记本上勾勒出实现梦想所必须采取的行动步骤，你能做到吗？你有支持你实现愿景的朋友和自信吗？
_____
_____
_____

4. 要实现你的人生目标，需要接受什么训练，参加什么实践，付出怎样的努力？
_____
_____
_____

IDENTITY
第 5 章

同一性能否改变

人一辈子犯的最大的错误,就是总是害怕自己会犯错。
——美国著名出版家、畅销书作家 阿尔伯特·哈伯德

罗布还在读中学时就找到了第一份工作,在书店做了一名职员。罗布最喜欢这份工作的一点是书店老板达奇·萨利文。达奇人到中年,有家有室,身材维持得还不错,只是头有点秃了,头发变得灰白。罗布并不知道自己要从第一份工作期待什么,或许是要忍受别人的大呼小叫,必须做所有的苦差事。但他很

快发现达奇就像父亲一样对待自己。达奇博览群书，经常与顾客热烈地讨论新的观点，探讨哪本书能催人奋进、带来欢乐或者开启心智。罗布经常参与他们的谈话，这促使他拓宽自己的阅读面。这种交流还使罗布敞开心胸，听取不同的观点和意见。书店关门后罗布和达奇经常待在一起，恳谈良久。罗布发现，自己甚至能向达奇倾诉自己的烦恼，达奇从不给出明确的指示，而是提出不同的选择供罗布思考。

达奇的书店位于布莱克城市广场的一角，他努力让自己的书店成为布莱克社区的文化基地。达奇还是图书馆委员会的委员，积极地参与了许多文化善举，经常在书店召开各种社团会议。家长教师联合会的妈妈们经常在书店门口卖糕点，只要是合理的要求，达奇从来不会拒绝。曾经有位小姑娘一周来了三次书店，看的都是同一本书。达奇看出来她没钱买这本书。罗布告诉达奇，这个女孩名叫凯瑟琳，家境贫困，她的同学大多都排斥她。这可能是因为她小时候不能像其他孩子一样经常去澡堂洗澡。这个污名从此挥之不去，即后来她严格要求自己，成为她们中学最讲究整洁的学生，她仍然受到大家的排斥，在小镇显得形单影只，分外可怜，从来没有人与她为伍。当凯瑟琳再一次来到书店时，达奇从书架上拿下了那本书，递给她说道："请收下这本书，就当做我送给你的礼物吧。如果你感觉不好意思，早上帮我扫扫书店前面的人行道就可以了。"

凯瑟琳紧紧把书抱在胸前,匆忙走出书店。罗布目送她离去,希望有朝一日自己也能像这位姑娘渴望这本书一样追求某些事物。

随后的几天,罗布一大早来到书店时就发现,前面的人行道总是清扫得干干净净。他和达奇都没看到过凯瑟琳打扫街道,但他们心里都非常清楚那个来打扫的小精灵是谁,这常常令他们发出会心的一笑。

罗布还经常看到达奇在公园里和妻子一起打网球,或者与自己的孩子们双打。当罗布告诉达奇,自己是多么佩服他的球技时,达奇送给他一只旧网球拍,并教他打球。达奇一直手把手地教罗布打球,直到罗布自己也成为技艺高超的球手。

在书店,达奇还是罗布的好导师。他鼓励罗布阅读《纽约时报》的书评,寻找不一样的观点或引人入胜的读物。他还教导罗布,了解书店顾客的品位和兴趣非常重要。当罗布中学毕业前往伊利诺伊大学香槟分校就读时,达奇和附近几家商户的老板,一起筹措了一笔钱作为他的奖学金,这给了他一份惊喜。达奇还说,他很抱歉自己手头不够宽裕,无法独自支持他。

罗布每次从大学回家,都会去书店看看,而达奇就会一直追问罗布学到了什么新知识,并且挑战他辩护自己的观点,双方的谈话激烈活跃。然而每次回来,罗布都会发现书架上的书越来越少。从前书架上的书都是立着摆,满满当当,而现在书全部在架子上摊开，制造图书品种很多的假象。

"这是怎么了？"罗布问。

达奇勉强挤出一丝笑容，回答道："经济不景气啊，但我还能勉强过活。"

罗布在圣诞假期又回到了布莱克的家，去书店时却发现已经关门了。橱窗上蒙着牛皮纸，大门上贴着"此店出租"的告示。

罗布四处打听，得知书店由于经营不善，导致亏损，最终破产的经过。有人说，达奇大可把书店关门归咎于很多其他事情，比如现时不同往日，布莱克居民不再在当地购物了，或者顾客都倾向于在大型连锁超市购物。但达奇并没有埋怨，只是静悄悄地关门，将所有的存货卖给了其他书店。此后不久，他的妻子也离他而去，一个完美之家就此破裂。他也退出了曾是他生活一部分的组织和活动。现在孑然一身。

罗布四处询问达奇的行踪，他的朋友告诉他，想要找到达奇，只要去大街上等着就行了。他们说，现在达奇除了散步什么也不干，常常在人行道上徘徊，从小镇的东头走到西头，除了散步还是散步。罗布开始留意大街上的行人，有一天终于看到达奇弯着腰大踏步走过，眉头紧锁，眼神盯着前方白雪覆盖的街道。罗布匆忙赶上，叫住了达奇，但是那张饱经风霜的面孔几乎让罗布退后。达奇勉强想挤出笑容，但根本笑不出来。

"我能为你做什么吗？"罗布问。

"你能帮我把妻子找回来吗？"达奇厉声说。

罗布对此无以为对，还在发愣的时候，达奇就猛地转过身，快步离去，佝偻着身躯，不久就消失得无影无踪。

罗布希望自己可以做些什么，帮助达奇，但达奇的变化实在让他目瞪口呆，以致不知道说些什么。罗布试图找到达奇，但他的房子已经变卖，罗布不知道去哪里找他。罗布无计可施，只能回到大学完成学业。返校后，罗布对达奇的境遇左思右想，决心下次回到布莱克城时一定倾力相助。如果他和达奇的老朋友都不做些什么，他真的担心达奇从此会一蹶不振。

罗布再次回到布莱克城的时候，已是来年的春天。他回来做的第一件事，就是打听达奇的下落。

"在网球场你能找到他。"墨菲告诉罗布。她是电器商店的老板，就在达奇之前书店的隔壁。

这让罗布一头雾水，但他还是去了网球场。罗布终于找到了达奇，他手里握着网球拍，身边至少有15个孩子。他在给这些孩子上网球课，昂首挺胸，最重要的是脸上洋溢着笑容。

家长们坐在露天看台上看着他们，罗布也跟着坐在一起，直到网球课结束。罗布坐下时，依稀能看到网球场周边离看台最近的铁栅栏上挂着一块新招牌，上面写着："达奇·萨利文网球场。"

当孩子们尖叫着跑向父母时，所有人都变得很兴奋，孩子们因为学会了新的球技显得兴高采烈。罗布走进网球场，达奇正拿着一只大方篮捡拾散落四周的网球。他抬起头，看到罗布，面带微笑地说："你看起来一脸惊讶的样子。"

"可不是。"

"我敢打赌你肯定以为我完了。"

"嗯……"罗布欲言又止："究竟发生什么了？"

"说了你也不信。某天我还在四处游荡，那段时间我还很畏缩。一位年轻的女士走近我说道：'萨利文先生，我能请你踹自己一脚吗，还是要我代劳？'"

"她怎么这么过分？"罗布的脸涨得通红，紧握双拳。"她是谁啊？"

"别这样，"达奇回答，"这些话正是我早该听的。你绝对猜不到说这话的人是谁。她就是过去常帮我们打扫人行道的女孩凯瑟琳。她正在全力申请医学预备学校，凭借自己的学习成绩拿到了奖学金，我相信，有朝一日她会成为医术精湛的好医生。"

罗布问："她做了什么我做不到的事情？"

"我感谢你的好意，但那时我还没准备好。"达奇把篮子放下，倚在把手上说道。脸上露出一丝笑容，安慰罗布道："当时我仍然很消沉，对这个世界充满愤怒。是她的一些话改变了我。"

罗布问："她说什么了？"

"她问我这一辈子感到最幸福、而且是真心感到幸福的事情。我说最幸福的事情是,当我还是个无忧无虑的少年时,学习打网球和激烈地比赛,都让我兴奋不已。她还和我详细讨论我的同一性。她说我无私奉献,是社区活跃的一分子,并且问我该为此做点什么?"

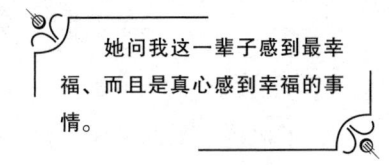

> 她问我这一辈子感到最幸福、而且是真心感到幸福的事情。

"就是这次谈话改变了你?"罗布问。

"是啊,我必须先练习,我的旧相识看到我又开始打球,消息不胫而走。有人向城市委员会提议,集中全城各区的孩子,教他们打网球。接下来,城市公园的经理对我软磨硬泡,结果我就来了。那些刚刚离开的孩子全都来自城市的贫民区,过去凯瑟琳生活的地方。"

罗布点点头,看向写着达奇名字的招牌说:"我喜欢那个招牌。"

"真是愚不可及,倒霉的事情让我不知所措。"不过,当达奇望向招牌时,自信回来了,脸上也恢复了笑容,他的人生看起来一点也不茫然。

第 4 步　掌握规则

为了保持正确的人生方向,你需要一些人生准则的指导,诸如诚实、信任、努力工作、决心和积极态度等必不可少的人格特质。

讨　论

我们是谁永远不会改变,改变的只是我们对自己的认知。

——玛丽·奥莫勒克

在达奇·萨利文这则真实的故事里,我们可以反思他的同一性或身份是否发生了改变。他的身份是提升了,还是回到过去的状态?我认为思考这一问题有许多角度。一种同一性理论认为,你的身份是由你在社会生活中扮演的角色决定的。描述社会角色如何限定身份的文章有很多。这种理论模型认为,你的身份就是你在当下扮演的社会角色。通常情况下,你可能会扮演许多重要程度不同的角色。比如,你可能同时扮演父母、教师、社会工作者、行政人员、朋友等等。随着时间的推移,你可能会发现,你关注的焦点和重要性都会发生变化。

从基于角色的同一性模型来看，我们可以说，达奇·萨利文的同一性随时间确实发生了变化，虽然在故事的最后我们发现他塑造的同一性可以追溯到少年时期，那时他"还是个无忧无虑的少年，学习打网球和激烈地比赛，都让我兴奋不已。"我访问那些不断取得成功的人士时发现，他们一生中所承担的社会角色看上去差别极大。不过，当我更深入地挖掘时，发现角色的变化其实是成功者真实同一性的深层展现。

也许，现在是好好探讨这种成功观念的时刻了。很多时候，外界让我们相信，成功就是取得非凡的成就，尤其是获得声望、财富和权力。我遇到很多拥有声望、财富和权力的人，却大都过着痛苦的生活。你可能马上会说，他们总是追求名望、财富和权力这些东西，一有机会就会冒险，痛苦当然在所难免。主流媒体对成功人士的报道，加上对即刻满足或者成功秘诀的痴心妄想，让成功看上去一夜之间就能实现，但实际情况很少如此。

那些不断取得成功的人，绝大多数为了事业一辈子尽心竭力、持之以恒。他们念念不忘心中激情澎湃的理想，对每个细节都精益求精，废寝忘食地努力工作。事实上，就算没有任何回报，他们也甘愿为理想而奋斗。昆西·琼斯（美国著名的非裔音乐制作人、作曲家、慈善家）不会因为自己

> 那些不断取得成功的人，绝大多数为了事业一辈子尽心竭力、持之以恒。

的音乐不受欢迎就放弃，纳尔逊·曼德拉矢志不渝地推翻种族隔离制度，不达目的决不罢休。要从自己痴迷的事业中全身而退非常困难。杰克·韦尔奇（曾担任通用电气董事长兼CEO）不可能停止传授他的商业理念；同样，奥普拉也不可能停止鼓舞人心。他们所做的这些事情对他们非常重大。

如果你真的擅长某事，并且乐此不疲，就能藉此建立真实的自我同一性；而你所做的事情又受到社会的高度评价，那么你最终会赢得名望、财富和权力。但如果你仅仅是为了名望、财富和权力而行事，最终结果就可能是失望和痛苦，甚至可能难终天年。

> 你怎么应对变化，最终取决于你对同一性或身份中的积极面有多坚定。

你一生都会面临变化。有时顺风顺水，有时却要逆水行舟。你怎么应对变化，最终取决于你对同一性或身份的积极面有多坚定。

还记得我曾说过，你对自己的认知，往往是积极同一性和消极同一性的交战，哪一方能获胜取决于你——你喂养的是那一匹狼。

我们先停下来回忆一下成功的前三个步骤：

第1步 检查身份——探查你的同一性或身份。弄清楚你究竟是谁。成功取决于清醒的自我意识。

第 2 步　创设愿景——明确的愿景能为自己的事业及个人生活树立有意义、现实的目标。

第 3 步　规划行程——合理的行动计划能让你努力工作以实现目标。

现在，你可以开始制定那些能让你保持前进的行动规则，并且专注在能助你实现成功愿景的人生目标上。变化可能让你觉得困惑和茫然，因此你必须坚持你的人生准则，牢固树立你的身份。你心中必须时刻牢记这些准则。哪些积极品质能助你成功？这类优秀的品质包括诚实、信任、努力工作、决心和积极的态度。

如果你的人生陷入停顿，必须重新开始，这些规则就会发挥作用——也许不是立刻，但如果你迫切地需要它们，确实地遵守这些规则，它们就能帮你站稳脚跟，调整适应，如果有必要还能帮你发现全新的自我——或者，至少你会感受到真正的自我同一性。

你难免会犯错，也肯定要做出抉择。有时你还会受到不公平的对待，即使你没有任何过错。那就抖落身上的尘土，振奋疲惫的精神，重新审视你的规则。

你的人生规则应该建立在你的核心价值之上，它应该成为你的同一性坚不可摧的部分。如果你是内向的人，不可能一夜之间就变得外向。但你可以进行调整。早先我承认自己成不了奥普拉那样擅长思考的人。但我的确已经有所改进。你完全能做一些事情改变自己。如果你遵循我提供的步骤，就会发现一个有益身心、健康上进的你——充满价值认同——这能帮助你重新开始，扬帆起航。

接下来我要介绍史蒂夫·乔布斯，他在短暂的一生中担当了许多角色，面临着艰苦卓绝的挑战。问问自己，乔布斯的同一性是否发生了改变，或者他只是担当了一系列不同的角色，每个角色都彰显出他的核心价值和自我同一性。要想在一生中成功地担当好任何角色，你都必须为该角色注入你真实自我的精神、激情和价值。这才是你的真实同一性。它会随着时间越来越强大，只要你不断地学习和成长，不再试图变成他人想要你成为的人。你或许会发现自己对别人说："你知道，我过去常常表里不一，但现在的我就是我。"他们可能听不懂你表达的究竟是什么意思。但你自己清楚。你知道，从此外部世界再也不能轻易左右你的决策，影响你的行动，所以你能掌控自己的命运，一步一步走向成功。你会变得非常自信，因为内在的你和外在的你是一致的。在精神层面上它们几乎一样，不再有任何差别。

第 5 章 同一性能否改变

成功之路

苹果公司前 CEO　史蒂夫·乔布斯

2005 年 6 月 12 日，史蒂夫·乔布斯在斯坦福大学的毕业典礼上做了下面的演说。2011 年 10 月乔布斯因胰腺癌去世。我无需赘述他的一生和成就；他一生奋斗的动人故事足以说明一切。

我今天很荣幸能和你们一起参加全球最顶尖大学的毕业典礼。我大学没毕业。说实话，现在也许是我离大学毕业典礼最近的一天了。今天我想跟大家分享人生中的三个故事。不是什么大道理，只是三个故事。

第一个故事我要说说人生点滴的关联。

我在里德学院只读了六个月就退学了，但我在彻底离开大学之前，在学校里旁听大约一年半。那么，我为什么退学呢？

这得从我出生前讲起。我的生母是一名年轻未婚的在校研究生，她决定将我送给别人收养。她非常希望收养我的人受过高等教育，所以把一切都安排好了，我一出生就交给一对律师夫妇收养。没想到在我呱呱落地时，那对夫妇却决定收养一名女孩。就这样，我的养父母——当时他们还在候补名单上呢——

半夜三更接到一个电话："我们这儿意外多了一个男婴，你们要收养吗？"他们回答："当然。"但是，我的生母后来发现我的养母从未上过大学，养父甚至连中学都没有毕业，所以她拒绝在最后的收养文件上签字。不过，没过几个月她就心软了，因为我的养父母许诺日后一定送我上大学。

17年后，我真的进了大学。当时我很天真，选了一所学费几乎和斯坦福大学一样昂贵的学校，身为工人的养父母倾其所有为我支付了大学学费。读了六个月后，我却看不出上学有什么意义。我既不知道自己这一生想干什么，也不知道大学是否能够帮我想清楚。而我却在那里花光父母一生的积蓄。所以，我决定退学，并且坚信船到桥头自然直。当年做出这个决定时心里直打鼓，但现在回想起来，这还真是我有生以来做出的最好决定之一。从退学那一刻起，我就不用再学习那些我毫无兴趣的必修课，可以旁听一些看上去有意思的课。

那些日子一点儿都不浪漫。我没有宿舍，只能睡在朋友房间的地板上。我到处捡可乐瓶换五分钱来买吃的。每个星期天晚上我都要走十多公里，到城市另一头的黑尔科里施纳礼拜堂，吃每周才能享用一次的美餐。我喜欢这样的日子。跟着直觉和好奇心走，虽然一路跌跌撞撞，但后来成了我的无

> 跟着直觉和好奇心走，虽然一路跌跌撞撞，但后来成了我的无价之宝。

第 5 章 同一性能否改变

价之宝。我给大家举个例子。

当时，里德学院的英文书法课，堪称全美最佳。放眼校园，所有的公告栏，甚至每个抽屉标签上的字都写得非常漂亮。当时我已经退学，不用正常上课，所以我决定旁听书法课，学学怎么写好字。我学习写衬线字体和非衬线字体，根据不同的字母组合调整间距，以及了解活版印刷如此伟大的原因。这门课太棒了，既有历史价值，又有艺术魅力，这一点科学就做不到，而我觉得它妙不可言。

当时我并不指望书法在以后的生活中能有什么实用价值。但是，十年之后，我们在设计第一台苹果电脑时，它一下子浮现在我眼前。于是，我们把这些漂亮的字体全都设计进了苹果机中。这是第一台拥有优美字体的电脑。要不是我当初在大学里偶然选了这么一门课，苹果电脑绝不会有那么多种字体或匀称的字体间距，很可能也没有一台个人电脑拥有这些，因为后来的 Windows 只是照搬了苹果电脑的设计。如果没有退学，我决不会碰巧选了这门书法课，而个人电脑也可能不会有现在这些漂亮的字体了。当然，我在大学里不可能预见它与将来的关系。十年之后再回头看，这一切就再清楚不过了。

你们同样不可能从现在预见将来；只有回顾时，才会发现它们之间的关系。所以，你必须相信现在的点点滴滴总会和你的未来产生关联。你必须信仰某些事物——勇气、命运、生命、

> 你必须信仰某些事物——勇气、命运、生命、因果报应，等等。

因果报应，等等。这样做从来没有让我的希望落空过，而且还彻底改变了我的人生。

第二个故事我要谈谈喜好与得失。幸运的是，我在很小的时候就发现自己喜欢做什么。我在20岁时和沃兹（苹果公司创始人之一）在我父母的车库里创办苹果公司。我们非常辛苦地工作，十年后，苹果公司就从车库里的两人公司发展成为一个拥有20亿美元资产、4000名员工的大企业。当年，我们首次推出最好的产品即苹果电脑时，我刚满30岁。可后来，我被解雇了。你怎么会被自己创办的公司解雇呢？那是因为，随着苹果公司的发展，我们聘了一位我认为非常有才华的人与我一起管理公司。在开始的一年多里，一切都很顺利。可是，随后我俩对公司未来的发展产生分歧，最后我俩闹翻了。这时，董事会站在了他那一边，所以在30岁那年，我离开了公司，而且这件事闹得满城风雨。我成年后的整个生活重心都没有了，这使我心力交瘁。

一连几个月，我真的不知道怎么办。我感到自己让创业前辈失望了——因为我没接住交到自己手里的接力棒。我去见了戴维·帕卡德（惠普公司创始人之一）和鲍勃·诺伊斯（英特尔公司创始者之一），想为自己惨败说声道歉。这次失败让我颜面尽扫，我甚至想过逃离硅谷。但是，我渐渐地明白，我仍然

第 5 章 同一性能否改变

热爱我所从事的事业。苹果的挫折丝毫没有改变这一点。我虽然被拒之门外，但我仍然深爱我的事业。于是，我决定从头开始。

虽然当时我并没有意识到，但事实证明，被苹果公司解雇是我一生中碰到过的最好的事情。尽管前景未卜，但再次从头开始的轻松感取代了成功的重担。解雇让我重获自由，使我进入了一生中最富有创造力的时期。

在此后的五年里，我开了一家名叫 NeXT 的公司和另一家叫皮克斯的公司，我还爱上一位了不起的女人，后来她成了我的妻子。皮克斯公司推出了世界上第一部用电脑制作的动画片《玩具总动员》，它现在是全球最成功的动画制作室。世道轮回，苹果公司买下 NeXT 后，我又回到了苹果公司，我们在 NeXT 公司开发的技术，成为苹果公司这次复苏的核心。我和劳伦娜也建立了美满的家庭。

我确信，如果不是被苹果公司解雇，这一切决不可能发生。这是一剂苦药，可我认为苦药利于病。有时生活会给你当头一棒，但不要灰心。我坚信让我一往无前的惟一动力，就是我所热衷的事业。所以，你必须知道自己喜欢什么，选择爱人如此，选择工作同样如此。工作占据了生活的一大部分，获得真正满足的惟一办法，就是做你自己认为伟大的工作；而成就伟大事业的惟一办法，就是热爱自己的工作。如果你还没有发现自己

> 有时生活会给你当头一棒,但不要灰心……让我一往无前的惟一动力,就是我所热衷的事业。

喜欢什么,那就继续寻找,不要急于做出决定。只要全心全意地寻找,一旦找到了你自然就会知道。就像任何美好的友谊一样,历久弥坚。

所以你要不断寻找,直到找到自己的喜好。不要半途而废。

第三个故事我要谈谈死亡。

我17岁时读到过这样一段名言,大意是:"如果你把每一天都当做生命的最后一天来度过,总有一天会是最后一天。"我深深地记住了这句话,从那时起,33年过去了,我每天早晨都会对着镜子自问:"假如今天是我生命的最后一天,我还会去做今天打算做的事吗?"如果一连几天我的回答都是"不",我就知道自己必须要改变了。

让我能够做出人生重大抉择的最主要的办法是,记住生命随时都有可能结束。因为几乎所有的事情——外界的期望、自尊、对困窘和失败的恐惧——在死亡来临时都将不复存在,只剩下真正重要的东西。记住自己随时都会死去,这是我所知道的防止患得患失的最好方法。你已经一无所有了,没有理由不听从自己的心声。

大约一年前,我经诊断患有癌症。我在早上七点半做了断层扫描,证实胰腺出现一个肿瘤,那时我连胰腺是什么都不知道。医生告诉我，胰腺癌几乎可以确定是不治之症，我大概只能活三到六个月了。医生建议我回家料理后事，言下之意，就是"准备等死"。这意味着，你要在几个月内把你将来十年想跟孩子讲的话讲完。这意味着你得把每件事情处理妥当，家人才会好过一些。这意味着，你得跟这个世界说再见了。

我整天想着那个诊断结果。那天晚上做了一次切片，从喉咙伸入一个内窥镜，通过胃进入肠子。还在胰腺插了根针，取了一些肿瘤细胞出来。我全身麻醉，一直陪在身边的妻子后来跟我说，当医生们在显微镜下看到那些细胞后，他们的眼泪都夺眶而出，因为那是非常罕见的一种胰腺癌，可以通过手术治愈。所以我接受了手术，现在康复了。

这是我最接近死亡的时刻，我希望未来几十年内这仍是最接近的一次。经历了这次磨难，当死亡不再只是一个有用的知识概念时，我可以比较肯定地告诉你们：

没有人想死。即使那些想上天堂的人，也不想为了上天堂而死。但是死亡是我们人类共同的宿命，没有人逃得过。这是注定的，因为死亡可能是生命中独一无二的最佳创造，是生命进化的推动者。死亡清除老一代，给新生代留下空间。现在你们是新生代，但是不久的将来，你们也会逐渐变老，离开人生的舞台。很抱歉，这看上去非常残酷，但却是事实。

时光有限，不要把时间浪费在别人的生命里。不要被教条

> 不要让别人的意见淹没了你内心的声音……拥有跟随内心与直觉的勇气。

束缚,不要活在别人的想法里。不要让别人的意见淹没了你内心的声音。最重要的是,拥有跟随内心与直觉的勇气。你的内心与直觉多少已经知道,你真正想要成为什么样的人。其他任何事都是次要的。

在我年轻时,有本神奇的杂志叫做《全球目录》(The Whole Earth Catalog),它是我们那一代人的圣经。杂志的创办者是斯图尔特·布兰德,居住在离这不远的门洛帕克市,他把杂志办得很有诗意。当时还是20世纪60年代末期,个人电脑和桌面出版还没发明,所有内容都是打字机、剪刀和拍立得相机做出来的。它有点像是纸质版的谷歌,但是比谷歌早了35年:这是一本理想主义的杂志,里面充满实用的工具和伟大的见解。

斯图尔特和他的团队出版了好几期《全球目录》,最后完成了它的使命,出了停刊号。当时是20世纪70年代中期,我正处在你们这个年龄。在停刊号的封底,有张清晨乡间小路的照片,就是那种爬山时会经过的乡间小路。照片下有行小字:"求知若渴,虚心若愚。"那是他们停刊的告别辞,我总是以此自许。现在,你们即将毕业开创新生活,我也以此期许你们。

求知若渴,虚心若愚。

谢谢各位。

每次读到这段演讲稿,我都深受感动。从各个方面来看,史蒂夫的故事都不像是真人真事。一开始就是他的生母发现自己未婚怀孕,却没有堕胎。如果你把这个故事写成小说,书评人会批评故事太离奇,脱离现实,不必当真。然而史蒂夫的故事却是真实的,认识他的人都会告诉你,这就是史蒂夫·乔布斯其人的同一性。他就是这样一位伟人,热衷于伟大的设计,其超常的用户体验已经改变了大多数人与世界互动的方式。如果我们把史蒂夫视为真实同一性的代表,他一定会感到欣慰,因为他创造了这么多方法,让我们表达激情似火、真实可信的自我。

死亡比他的预期来得更早,对此他坦然接受,同时也接受了人最终难免一死的思想。然后,他一如既往地努力工作,直到去世的前一天,让苹果产品成为我们生活必不可少的一部分。

请你思考

1. 当局势不利或者处于逆境时,你认为自己能依赖的积极的核心价值有哪些?

_____

_____

2. 你能为自己制定什么规则？是否包括"求知若渴"和"虚心若愚"？

3. 当局势不利时，你能向谁寻求支持？有什么人际关系、渠道、朋友和熟人，是你可以寻求帮助的？

IDENTITY
第 6 章

转换身份，改变一生

并不是你面对了，任何事情就都能改变。但是，如果你不肯面对，那什么也改变不了。

——美国当代著名作家　詹姆斯·鲍德温

罗布几乎每天都会去布莱克市最大的城市公园逛逛，他去那儿并不是为了和朋友打篮球或者网球，而是为了看到各种形形色色的人聚集在一起，享受阳光和户外活动，这也是他最喜欢的事情。所有人之中，罗布最感兴趣的是一位名叫托米卡的年轻女性,她常常带着画架,立在公园的秋千和滑梯旁,一边写生,一边看着她的两个孩子贝丝和托马斯玩耍。

罗布头一两次看到她带着画板时,还以为她肯定刚入门,只是想从绘画中找点乐子。但当罗布仔细观察她逐渐成形的作品时,他几乎马上能断定她的画作真不错——直接能打动你的内心。她捕捉到了飞盘高尔夫球场上树枝的摇曳婀娜,微风吹来,枝条好像在呼吸,拥抱着天空。她的画作栩栩如生,足以让人动容。罗布起初不敢相信她的绘画技能,只是认为她碰巧有艺术方面的天赋。随后他观察了她的创作过程,才意识到这更可能是个熟能生巧的过程。

罗布可以想象,托米卡为使画作达到这样的水平,一定是花费了不少心血。

某个夏日午后,她好像心事重重。托马斯尖叫着滑下滑梯,贝丝在秋千上咯咯大笑,但托米卡手中握着调色板,呆呆地盯着画架上空白的画布。她的思绪似乎去了遥远的远方。

罗布刚刚和朋友们打完一场篮球赛,坐在球场边上休息。他想过去问问托米卡,她是怎样作画的,但是她安静思考的专注让他决定坐在原地,喝着运动饮料。

托米卡突然爆发了,踢翻了画架,将画布掀翻在地。她拖着调色板,然后摔在画布上。然后尖叫着再次踢飞了地上那堆物件。

罗布跳了起来，飞奔过去，看到孩子们仍旧在玩耍，并没有发现他们的妈妈情绪失控。当罗布走近托米卡时，她突然转过身来。双拳紧握，泪流满面。他一度以为托米卡要揍自己。还好没有，她只是站在原地，忍不住地抽泣，全身都在震颤。

罗布问："究竟发生什么了？"他知道托米卡是单身妈妈。但这似乎不太可能让她如此失控。两个孩子还在开心地玩耍。

"哦，只是工作上的事情，"她答道，"它偷走了我的创作灵感。那是我真正热衷的。"

罗布说道："我猜愤怒也是一种激情。"

这话真是火上浇油，罗布自觉失言，忙道："为什么工作会偷走你的创作灵感呢？"

"我是个印刷工，我的日常事务只是做些润饰和修改。印刷厂老板发现我会画画时，便把我介绍给了他的朋友，帮着完成一项非常赚钱的项目。我负责这项工作的核心部分，这部分做不好整个项目就无法进行。但他们却付给我少得可怜的报酬。更糟糕的是，每次下班回家我发现，自己已经没有任何创造力。它们偷去了我的精华，我觉得自己被榨干，却无能为力，因为我必须工作，我要养两个孩子，他们没有父亲。我今年26岁，有一半亚洲血统，一半西班牙血统，没有接受过真正的高等教育。领到的工资都是最低标准的。至少，老板是这么看待我的。这让我很愤怒，但对此我却无能为力。我感觉陷入了困境，就像奴隶一样。"

罗布答道："嗯，我不知道。你不是一直在练习绘画吗，难道这一次不是你磨练技艺的机会吗？"

她回应："你不懂，这不是他们雇佣我的理由。他们雇佣了我，抢走了我的创作灵感。但我得到的补偿太少，根本不公平。这对我是种剥削。"

两个孩子转过身来，看着他们的妈妈。托米卡向他们招手，说道："没事，去玩吧，孩子们，妈妈只是在聊天。"

罗布说道："或许我们应该找个地方坐下来，我想和你好好谈谈这件事。"

"好啊。"她弯下腰开始收拾刚刚掀翻的画架，捡起调色板和画笔，说道："我下班回到家，却发现自己一无所有。我只是希望我有选择权，但是我没有。"

罗布说道："我不同意这一点。每个人都有选择权。有时人们只是不知道它的存在。比如，你就使用了很多标签式的称谓，武断地把自己归类成不同的人。你知道，你有办法摆脱这些束缚。"

> 每个人都有选择权。有时人们只是不知道它的存在。

"真的吗？"她抬起头，抹去脸颊上的泪水。但是黑色的眼睛里终于第一次闪烁着希望。

"你必须做的第一件事情,就是拒绝他人强加于你身上的标签,"罗布说,"你可以用更积极的观点审视自己。比如充满抱负的艺术家,而且在我看来,还可能是个优秀的艺术家。"

托米卡说道:"但我该怎么做?只有梦想是没用的,它从来不会实现。我已经陷入了人生的困境。"

"这就是一种标签,托米卡,一种消极的标签。我认为如果你能与一些成功人士谈谈,就能像抖落尘土一样轻松摆脱这些心灵的枷锁。"

"真的吗?"

罗布提议:"这样吧,我会在星巴克咖啡店办个聚会。把你方便的时间告诉我,我会给你介绍一些朋友,你可以和他们一起讨论,他们可能给你证明,你其实还有选择权,好吗?"

"你确定吗?你知道我住在布莱克城哪个区,对吧?"

"托米卡,这又是一个标签。我召集的朋友之中,有一位小时候就生活在离你一两个街区的地方。"

一周之后,罗布喝着咖啡,看到托米卡从前门走进来。她的脸上挂着希冀的笑容,这表示她恢复了一丝激情,开始更为积极地看待这个世界。他想这对她太好了,真的太好了。

"我让我的妈妈帮我照看孩子。天呀,你竟然召集了这么多人。他们都是谁啊?"她向罗布问道。

"这位是我以前的老板达奇,他现在在公园教孩子们打网球。塞尔维在城区经营一家小店。凯瑟琳是医学预备学校的学生，她就在你居住的那一区长大。这位西装笔挺的先生是史蒂夫，在银行工作。"

"银行？"

"你跟她解释吧，我给她点杯咖啡。"达奇说。

"我想让凯瑟琳和你谈谈，"罗布说，"因为她正是摆脱了许多标签，才走向成功的。请过来一下，凯瑟琳。"

凯瑟琳走过来，手臂放在桌子上，身子前倾，说道："我先问你，是否你仍然认为自己受人剥削。也就是说，你为其他人做事情，几乎耗尽了你的智慧和精力，它对于你非常重要，但却没有人能看到它的价值。"

"是的，"托米卡答道，颤抖的声音在空中回荡。"我的老板很好，他的朋友也是。但他们不理解我，不明白我的感受，我当然认为我没有得到自己应得的那份报酬。相反，我觉得自己被出卖，像个奴隶。"

凯瑟琳问："那么你是怎样界定成功的呢？只要摆脱这种状态就好，还是有更多要求？"

托米卡答道："我只是想能赚足够多的钱，可以不受人摆布。然后就能做自己想做的事情，自由自在地作画。"

"标签，标签，又是标签，"凯瑟琳不禁喃喃自语，"出身贫寒就是我曾努力摆脱的标签之一。你似乎非常清楚你是谁，要

第 6 章 转换身份,改变一生

做什么。但你必须纠正你的错误认知,别以为别人阻遏了你的进步,别以为他们掌控了你的生命。掌控你命运的是你自己——或者至少你能掌控自己的命运。我认为我该和你好好谈谈你的愿景,以及如何制定计划实现愿景。但首先你必须决定是否跨出第一步。做任何事都会有风险。但如果你只关注回报,只想按自己的想法生活,可以自由支配创作的时间,愿意付出并得到你应得的报酬,那么你必须先做一下深呼吸,并对自己说'我要行动!'你准备好了吗?"

托米卡一开始只是轻轻点点头,然后才用力点点头。

塞尔维拨了拨散落的红色卷发。罗布知道她可能染了发,因为她已经 70 多岁了。她靠过来说:"让我介绍一下这位穿戴整齐的年轻绅士史蒂夫担任的角色。因为我答应请他喝咖啡、吃甜点,才把他从银行请出来。对吧,史蒂夫?"

史蒂夫抹去嘴角的饼干屑,微笑点了点头。

塞尔维拍了拍托米卡的手说道:"他会跟你解释怎样申请助学贷款,亲爱的。"

托米卡的眼睛睁得大大的,眼神中充满了渴望。转过头盯着史蒂夫。

史蒂夫说道:"正如大家所知,贷款不仅能帮你付学费、买书和文具,还能让你照顾好你的家人,并且能让你在求学的同时足以过活。我所工作的银行相信,帮助当地人接受教育,就是我们未来在本社区最有价值的投资。你必须偿还贷款。但可以等到你能赚更多钱的时候,因为教育能为你打开一扇新的窗户,这通常比你认为的更容易。当我们的凯瑟琳将来成为医生,你想,偿还奖学金之外的助学贷款对她会是困难吗?"

"当时我与你的情况完全一样,"凯瑟琳说,"我只想逃离这座城市,重新开始生活,争取全新的自我。问题是,我发现我身份中最重要的部分一直存在着,那就是我的价值,我想得到的事物。我只能追逐这些价值,就如茫茫大海中指引方向的灯塔。我必须告诉你,如今我对自己的感觉非常好。"

罗布说道:"你瞧,你一直感觉有人剥削你,你对此无能为力。我不是很了解你的工作情况,无法判断实际情况是否的确如此。但不幸中的万幸是,这件事会激励你采取行动,如果有切实可行的行动方案的话。你认为自己没有选择权,但实际上是有的。"

达奇附和:"看,这不是魔法棒,更不是唱高调,现在你已经改变了。这就是你想拥有的,也是你必须去做的事情。通常人们必须自己独立完成。但现在你有选择,知道实现梦想的起点,你还知道你背后有一帮信任你和支持你的朋友。现在一切就得看你自己的了。"

"我想这样做,"托米卡说,她的声音变得越来越自信,"我真的一定会采取行动。"

第 5 步　勇于挑战

要成长，就必须离开你温暖的小窝。请记住，风险是生命的天然组成部分；原地踏步只有死路一条，变化和成长就意味着风险。

讨　论

首先要思考，然后才能构思想法和计划，再将这些计划转变为现实。你将发现，变化就发轫于你的想象。

——拿破仑·希尔

当你看到有人通过服饰、化妆品或者更名，改变他们的外貌和形象，你可以肯定，他们这样做是为了改变自己的身份认同。但他们做的这一切都很肤浅。除非他们改变自己的价值，否则只不过是换汤不换药，真实的自我同一性不会有丝毫的变化。这就引起一个更有意思的问题：你真的能改变你的人生吗？如果能，又该怎么做？

任何改变，最困难之处就在于开始行动，充满信心地跨出第一步。像大多数人一样，托米卡没有认识到她甚至还有改变自我的选择权。但她仍然必须开始行动。身后有一群朋友支持她，事情会容易些。但她还是必须作出最后的决策，迈出第一步。在托米卡的故事里，她要迈出的是很大一步。看上去她改变了自己的身份认同，但在我看来，她只是决定找回自己的身份，掌控自己的命运。她下定决心不再让自己成为毫无选择的受害者。这就是生命当中的转变。你可能还没准备好做出很大的改变，但这不表示你不能迈出改变的步伐。最重要的是，你开始了改变的旅程。

学过物理的人都知道，惯性是运动的对立面。如果你不懂物理，你至少知道离开舒服的沙发去跑步会有多难，即使你知道那对身体有好处。改变身份认同的道理亦然。

要改变你的生活并不容易。这就是拥有一群在背后支持你的朋友和家人，对你大有裨益的原因所在。正如凯瑟琳所言，当你改变自己时，你的核心身份其实并未改变。你的价值观仍然持续着，你只是更加清楚地意识到这些价值观，并依此行事。你觉得自己能掌控自己的生活，而不是由他人掌控。毫无疑问，你的生活重心会随着时间发生变化——有时是非常巨大的变化。因此，你看起来会获得许多新的价值，而如果你的生活以这些新的价值为准则，并保留你已有的核心价值，你的同一性也会逐渐发生变化。这里我们强调的是逐渐变化而不是彻底突变。看似崭新的价值，或许是深藏心底已久的旧价值，你只是重新拥有它们。在我反思我自己的一生和审视其他人的生活时，我明白了一个道理，只要你慢慢清楚地了解你是谁，并以你自己的价值观和真实的自我同一性为人生的基石，你的人生就一定能改变，并向好的方向发展。依我看来，同一性会缓慢发生变化，而人生最终会彻底改变。

> 你的生活重心会随着时间发生变化……如果你的生活以这些新的价值为准则，并保留你已有的核心价值，你的同一性也会逐渐发生变化。

迈出第一步并保持下去，可能需要家人和朋友的帮助和支持。与他们谈谈，分享你的愿景，让他们对你的成功感到兴奋，就像你自己一样。你可能甚至意识不到有人那么关心你，希望你取得成功。正如托米卡所发现的，其他人关注你的程度的确超出你的想象。但是否做出改变最终取决于你自己。命运就在你自己的手中。你必须先下定决心，随后采取行为，才能迈出第一步。

再次强调，不要只偏信我的一面之辞。还请看看那些成功人士的人生，就能敏锐地发现：理解你的自我同一性对于实现你的人生理想至关重要。阅读下面罗西塔的故事时，请想想她如何作出选择、转变身份认同、创造价值并改变一生。

成功之路

罗西塔·洛佩茨博士
北伊利诺斯州立大学领导力和教育政策研究副教授

我是20世纪60年代在芝加哥贫穷窟长大的拉美移民,我的求学经历使我怀疑,是否有人能在这片称为小学的地方取得成功。在我成长的居民社区里,大多数朋友都说波兰语、乌克兰语或者西班牙语,极少数人会说英语。最初,我觉得居民社区没有贫富之分,直到城市街道清洁工让我注意到,我所在的社区完全是个肮脏、贫穷的贫民窟。这让我很震惊。这是我第一次从一种轻飘飘的优越感骤然转变为遭人白眼的"耻辱感"。在此之前,我所知道的一切和关注的对象还只是我自己的家,那种快乐和天真只有孩子才能体验到——我和说着不同语言的孩子兴高采烈地玩游戏,品尝彼此的食物,穿梭在充满异国情调的房间。

我的父母往来于西班牙酒店、水果市场、波兰熟食店和面包店。他们与人打交道的方式主要是手势,夹杂一些发音糟糕的英语单词。但他们勉强都能理解彼此的意思。对于我的父母,能与社区里的其他族群的人交谈都是种成功。他们对这些互动引以为豪,远离祖国在异国他乡的生存好像都取决于这些小小

第6章 转换身份，改变一生

的互助互惠。最后，带着微笑，双方握手，结束谈话。尽管语言和文化不同，大人们还是会留意我们的行为，管教我们，并且向我们的父母打小报告。如果我们不慎跌倒，他们也会马上扶我们起来，保证我们的安全。大人们也会各展所长，不管是修理屋顶和汽车、照看小孩还是其他劳动。很多年后，我才明白这种和平宁静、舒适如意和安全感的存在，并不是因为我们的差异，而是彼此的融合。我们不知不觉地相处融洽，在这个新兴的多文化社区感受到关爱。

虽然我的父亲在工厂上班，他却很喜欢读书，而且会说七国语言。我们家里的每一个人都相信教育的重要性。我记得走路去图书馆时，父亲总要问我在读什么书。作为家里三个姐妹的老大，第一次去学校读书的兴奋让我逢人就说，我的妹妹们都等不及要上学了。我最喜欢做的一种游戏，就是和妹妹一起扮演老师上课，她们也在不知不觉中学会了读写。我很早就认识很多英文单词了，但老师并不知道我还认识很多西班牙文。他们让我直接上一年级，而不是幼儿园。

开学第一天的早上，妈妈把我黑色的长发梳成了小辫子，在辫梢系上了彩带，让我穿上手工缝制的"波多黎各民族服装"，脸上写满了骄傲。我不想扫她的兴，但当她离开教室时还是流下了眼泪。那时我只有六岁，为了保持自尊，强忍住尖叫的冲动，"请回来……拜托，请……不要把我留在这里！"后来的几天，我非常努力地想弄明白小学这种新环境，下定决心好好学习。遇到不太确定的事情，我会保持沉默，仔细观察，研究当前的处境，直到我想清楚。由于父母教导我对人要恭敬有礼，大多数时间我都保持沉默。

学校的大多数人都是英裔或者欧裔，包括教师在内。我还认得一些以前邻近的朋友，他们来自波兰和乌克兰，令我惊喜的是还有一些同胞（就是波多黎各人）。之所以能认出他们，是因为我们总是与众不同——现在还是这样。坐在我身边的同学看上去像我的一个妹妹，我还发觉那些不是拉丁裔的朋友在学校开始躲着我。不久我就明白某些行为在学校是禁止的，比如嚼口香糖和与肤色较黑的学生交往。虽然我们还能在放学后或者周末一起玩耍，但于我而言再也不是以前的感觉了。

我父母已经教了我大部分小学的课程。因为他们的付出，我总是名列前茅。然而，很显然老师对肤色较黑、口音与我一样的学生没有太高的期望。他们也很清楚地让我们知道，我们不是他们心目中的学生。（"你是哑巴吗？你必须说英语！"）几乎每个年级的所有老师年复一年地都在重复这样的信息，如果我们还假装不知，那就太假了。同时我们了解了其他事情，包括针对少数民族和外来人口的歧视行为。我们很快就学会安分守己，不然就会遭人耻笑——甚至更糟，被叫去校长办公室罚站，直到放学回家。

第6章 转换身份,改变一生

有次我把老师的指示翻译给一个不懂英语的同学听,然后就因为打断老师的讲话被叫到校长室。打断老师的讲话,这种鲁莽行为很难得到老师的谅解。虽然去过很多次校长室,但我不记得是否看到过校长。有次在办公室等待时,学校职员会分派我们做一些小差事,比如装订和整理文件或者给各班传话。这些小任务我都完成得非常好,以致即使我没犯错,办公室行政人员也会派人来叫我。有时回到家手指都麻痹了,因为装订的文件太多。我可以好几个小时不用上课,在办公室打杂或者整理文件。从来没有老师派人叫我回去听课。当我明白那些看似好人的老师却这样对待学生,也很令人心寒。

我不是很确定自己什么时候做出决定,我一定要改变。很小的时候,我就渴望得到别人的尊重。我知道自己并不打算接受别人的拒绝,因为我能察觉别人的拒绝,即使并不能准确地知道他们为什么拒绝我。所以我形成并爱上了一种观念,把事情引入正轨。

我记得曾经养成了一种嗜好,喜欢从芝加哥的大街小巷捡拾受伤的小动物。可能是被汽车撞伤不能行走的小猫小狗,或者飞进窗里的小鸟。我把这些小动物都带回家,细心照料直到它们康复,然后放走它们,让它们重获自由。我一直明白它们从来就不属于我,当它们康复后,就需要自由。我的行为让我的妈妈很是不解,但她还是支持我,没有深究。后来她告诉我,她发现照顾小动物拯救了我，让我避免误入歧途。

环顾四周，我明白了女性扮演的角色和男性很不一样。在拉丁裔社区，这一点非常明显。男人是一家之主，女人则对丈夫惟命是从。我从圣经上学到这一点，因为我们成长于浸信会家庭，这在拉丁裔家庭中很少见。我的父亲、祖父和叔伯都是浸信会教徒。这也让我与其他人有点差别。

然而社会传递给我的信息是："你是女性，个子瘦小，棕色皮肤，家贫如洗，所以你根本不重要。"我会照着镜子，喃喃自语："哦，不，你是个很美的女孩。"我意识到这种反应不同寻常，因为我认识很多很美的女人，但当她们照镜子时，却根本看不到自己的美丽之处。可能因为我是家中的长女，妈妈不在身边时要照顾妹妹，还要照料那些小动物，所以你应该看得出来，照料别人成为我的核心部分，当然也是我同一性的基础。

我的父母都会鼓励我们，从不看轻我们。他们从来不会说我们笨，或者诸如此类的话语。他们认为，每个小孩都有一种内在美，那是无关外表的美，不是我们可以在外炫耀的。我总是能感觉到父母的关爱和尊重，而且我觉得只要你能感受到爱，就会认识到自己的美丽。至少我是这么认为的。去教堂时我也能感受到爱的包围。当我离开这个圈子，就会看到负面的东西，但在我的家庭圈子里，我不会受到这些负面的影响。

虽然父亲能说七种语言，包括英语，但在家我们都说西班

第6章 转换身份，改变一生

牙语。当然在学校我会说英语。放学回家如果我还说英语，父母就不会搭理我，直到我改说西班牙语。我后来意识到，他们就是通过这种方式让我们知道不可忘本。父母从来不对我们进行空洞的说教，所有的教育都是潜移默化的。这种教育方式对我有很大的帮助，我开始建立我自己的一套价值观和自我同一性。

后来在我们居住的地区爆发了杀戮和暴动，从照顾小动物培养出来的强烈使命感，促使我保护好自己和妹妹，以及所有对我的家庭重要的东西。我记得曾与自己对话，告诉自己我可以这么做，也可以那么做，总会有道路可以选择，不同的选择会有不同的结果。在我们的居住区生存最重要的一点是，如果你做出了错误的决定，可能就死定了。那时候我就深深了解，如果你被人利用，包括教你学坏，最后一定会走向一条毁灭之路。我看到许多人误入歧途，深陷其中而无法自拔。对于我来说，决不能误入歧途。即使在今天，我行为处事都非常小心，确保身边留有一定的余地，以免陷入困境。我在驾车时就一直这样做。我会确保车前车后有足够的空间，以免发生碰撞，酿成车祸。

当我和学生谈论同一性时，我常常请他们告诉我他们最排斥自己的部分。当然，我也会和他们谈论他们最喜欢自己的部分，最热衷和最能激励他们的事情。我会与他们讨论，他们在

> 我会与他们讨论，他们在塑造自我同一性和培养领导能力时，经常遇到的难题。

塑造自我同一性和培养领导能力时，经常遇到的难题。我经常发现，那些来自贫困家庭、少数族裔的人，以及那些努力跟别人不一样的人，都有排斥自我的习惯，而不是排斥那些加诸于他们身上的否定。

我发现自己在大学做教授时也碰到类似情况。那些大学同事们一想到要与一位拉丁裔女性共事，心里就非常不舒服。他们认为从性别和种族来看，拉丁裔女性作不出一点贡献。我还记得有位同事对我说，我能来到大学任教，只是受益于平权运动。刚开始我还以为他只是和我开玩笑，随便说说而已。随后我意识到他不是在开玩笑，而是认真的。我知道自己有选择，可以选择帮他摆脱偏见和无知，也可以选择生气。我决定不生气，选择帮助他更好地了解我和我的背景，以及我能为这所大学作什么贡献，能带给学生什么价值。

今天我们的学生必须思考他们应该拒绝什么，能给这个世界带来什么价值。依我看来，当然也包括我的经验，当你给身边的世界带来价值时，你的自我感觉就会很好——你感觉自己取得了成功。我问学生："你能做什么无人能替代的事情？"我们开诚布公地讨论，而且我常要求他们写下来。我觉得如果我们私底下记下这些事情，我们对自己就更诚实，对自己的价值

第 6 章　转换身份，改变一生

所在就会加深理解，从而造就我们的成功。

我们中有太多人在工作中迷失自己，纠结于外部环境的好坏。如果有人说我们一文不值，毫不重要，那么我们迟早会不可避免地相信他们的话。我告诫自己的学生一定要慎重地选择自己所处的环境，因为每个选择都会带来很大的影响，不论好坏。

倾听内心的声音，塑造你的自我同一性，这一观念真的非常、非常重要。我记得自己在 15 岁时，就为社区义诊提供双语服务。我帮助医生和护士与那些不会说英语的病人对话，这让我认识到自己有能力帮助别人，我有自己的价值。所以你会明白，于我而言，这一提供价值的承诺本身就是我的核心价值，也是我的同一性的重要组成部分。

热爱你的工作，并且出色地完成它，这种想法非常重要。在我看来，人生很重要的一件事情，就是学会把事情做好。我曾在医院工作过。一开始只是做很多志愿者的工作，最终我在医院得到了一份工作。我在太平间协助整理遗容，经过努力我成为了缝合尸体最熟练的人，能让这些逝者体面地进入殡仪馆，与亲人做最后的告别。你能想象即使这类工作也能做到极致吗？无论怎样，在人生的道路上，一定要出色地做好你面前的任何工作，这一点成为我的核心价值，对我大有裨益。

我最初在学校中总是担心不堪重负，会变得籍籍无名。这让我认识到我必须变成大家心目中潜力无穷、前途无量的优秀学生。我输不起，失败并不是我的选项。当学生静静地坐在教室的后面，想独自搞清楚这一点的时候，教师决不能无视他们的想法。太多的学生浪费太多的时间只是安静地坐着。寻求家教辅导、人生顾问和额外的学分成为我人生的风景线。正是在学校我学会了再也不能保持沉默。

请你思考

1. 让我们重新审视你生命中的标签。你认为哪些标签阻碍了你的发展？你会怎样撕下标签，丢弃它们，朝着你认为成功的方向前进？

   _____
   _____
   _____

2. 在你改变自我同一性时，你认为哪些朋友和家人愿意且有能力帮助你？你是否遗漏了什么人，就像那些给托米卡惊喜的人？

   _____
   _____

3. 请质疑一下你对愿景和成功的看法。如果它经得起深思熟虑，是你真正渴望的事物，那么你需要采取哪些步骤实现它们呢？

4. 你准备好出发了吗？

IDENTITY
第 7 章

应对生命中的危机

人类之伟大并不在于能改变世界——这是原子时代的神话——而在于能改变我们自己。

——甘地

敲门声响起时,罗布还在穿衣服,赶紧应了一声。门外站着的是达奇·萨利文。

"进来吧,达奇。很抱歉,昨天晚上我打篮球到半夜,直到公园熄灯才离开。"罗布指了指自己,为星期六上午九点半还穿着睡衣道歉。

"别在意，"达奇说，"我只是有事想请你帮忙。"

"当然可以。要我帮什么？"

"你看，你就是这样乐于助人，"达奇说，"你总是先说'当然可以'，然后才问我需要什么帮忙。"

"没什么，我能帮你做什么？"

"我希望你能帮我劝说一个想不开的朋友。"达奇说。

"真的吗？"罗布问，"你的朋友想自杀？"

"他处在人生的低谷，"达奇说，"我对这些迹象很清楚。我必须和他谈一些很私人的事情，这一点也不好玩。如果你能和我一起去，我会很高兴。想去吗？"

"当然。等我先穿上衣服。"

他们并肩走在人行道上。

"远吗？我可以开车去。"罗布问。

"走走也无妨，"达奇说。罗布还记得达奇曾在这条路上徘徊过，筋疲力尽，衣衫褴褛。

罗布问："我们去哪里？"

"马戏团酒吧。"

罗布看了下手表，不禁摇了摇头说道："真的吗？很奇怪为什么不叫朝露酒吧。我想美国大概会有法律条文规定，每个中小城镇都必须有一家这种酒吧。"

第 7 章 应对生命中的危机

达奇说道:"说的很对,你真幽默,这是你一生的无价之宝。有时生活压迫得你想哭,你却能含笑面对,最后就会觉得事情其实没那么糟。"

他们走过另一个街区时,都没有说话。达奇最后说道:"就像许多布莱克城的孩子一样,你能在去闯天下之前回来工作一段时间,对此我感到很高兴。与其他离开这里去上大学的孩子相比,你觉得跟他们有什么不一样吗?"

罗布回答:"嗯,我很了解像凯瑟琳一样离开这儿的人,他们是要去外地寻找自我成长的机会。至于我,我想大概和他们差不多。但我能更好地理解我自己,我更加清楚自己能做什么,不能做什么。我更加清楚自己想得到什么,我认为的成功是什么。我还知道自己珍视什么,朋友和家人对我很重要。所以我推测我与别人没什么不同,但对自己的了解更丰富、更深刻。"

"诚如所言,"达奇说。

他们来到马戏团酒吧,这时霓虹灯已经关了,但酒吧的前门还大开着,正在营业。罗布从来没进去过,他无法想象自己会独自进酒吧,尤其是在大白天。

酒吧里,混浊的烟草味弥漫在空气中,就像噩梦一样挥之不去。酒吧的墙上高挂着一具人工制作的驼鹿头,只剩下一只鹿角,双眼空洞地望着前方。光线大多来自广告牌上的灯光,上面全是主打品牌的啤酒,类似美国橄榄球超级杯大赛上的啤酒广告,但这里显然比不上超级杯。这儿也比不得林林兄弟马戏团和太阳马戏团那样有名气,相差一大截。

酒保抬起头,就像亚哈船长发现了白鲸一样,但看到达奇指向吧台后面时,随即又皱起了眉头,低下头重新琢磨报纸上的字谜游戏。酒吧最里面坐着一位男子,耸着肩膀,桌上摆了一瓶喝了一半的啤酒,手上的香烟还燃着。他听到他们的脚步声,抬起头,空洞的眼睛就像毯子上的两个洞,对于他们的到来无动于衷,好像不认识。

"我认为你应该戒烟,克莱,"达奇说。

"我戒的事太多了。"克莱的声音沙哑,好像已经抽了一包烟,虽然现在还早。

"我们去那边的桌子说话,"达奇建议。克莱耸耸肩,拿起他的烟灰缸和啤酒。

酒保走过来,达奇点了一瓶可乐和矿泉水。他多给了些小费,这让酒保不再拉长着脸。酒保走后,达奇靠近说:"克莱,你先前对我说过,你工作的地方要裁员,你可能很快就会失业。更糟糕的是,你的妻子已经起诉离婚。对此你做了什么吗?"

"做什么?"克莱高声喝道,这是罗布第一次从他身上看到生气。"我还能做些什么?我现在是祸不单行,是否应该坐以待毙、听天由命呢?"

"哎,你知道的,克莱,其实你是能做一些事的,"达奇说。

第 7 章 应对生命中的危机

"我只希望先起诉离婚的是我,"克莱说,"那是我本该做的事情。你到底想说什么,达奇?"

"克莱,变化有两种。一种是迫于环境的改变而不得不做出的变化,另一种是为了创造机会而主动做出的变化。"

"我能做什么?这些倒霉事全让我遇上了,甚至连怎么发生的我都搞不清楚。我仍然记得,克拉丽莎曾是我的一切。我知道自己已经没有新鲜感了,厌倦了婚姻,但没有想到她也和我一样。"克莱伸手去抓啤酒,但马上又改变了主意。他吐了一口烟,坐回了椅子上。"你能告诉我,我能做些什么,让我感觉更好点?我真的已经走投无路了,真的。"

罗布觉得达奇说的很对。眼前的这个男子认为自己已经站在了人生的悬崖边上,正准备纵身一跃。

"人生的变化不论你是否有预期,克莱,只要你做好准备总会出现转机,"达奇说,"如今我自己已经经历了很多坎坷,所以我不会骗你,说什么你现在还不算太糟糕。但是,想想遇上车祸或者天灾的人,或者那些在战争中失去子女或受伤致残的人。这些人几乎都没有想到灾祸会从天而降。比起这些人你的处境还不算太糟。至少你还拥有健康,只要你不再糟蹋自己。"达奇挥了挥克

> 人生的变化不论你是否有预期,只要你做好准备总会出现转机。

莱身边的啤酒和烟灰缸,接着说:"你还有朋友和自身的价值,甚至可能还有可以重新点燃的梦想。"

"但是我能做什么?"克莱问。

"每个人的人生都会有跌宕起伏,这就是成长。人有悲欢离合,月有阴晴圆缺。人生就是这么充满变数,吉凶难卜。"

克莱不禁点了点头。现在他还笑不出来,但他和达奇的确达成共识。

达奇继续说:"所有人都会变老,这是人所共知的事实。时光一分一秒流逝,也要做好准备。这样才不至于某天对着镜子哀叹:'天呀,我的大好时光哪里去了?'"

"我有这种感觉,"克莱说。他低下了头,揉着太阳穴,最后抬起头。

克莱继续说:"你谈到要为变化做好计划,这听上去很有道理。但我厄运连连,一切都是突如其来。我能做什么呢?"

"如果你愿意与我一起努力,我想我能帮助你培养新的人生技能,顺利地度过人生的意外变化,"达奇说,"这些技能人人都应该学会,这样才能在人生的道路上从容应对各种变数。相信我,人生总会有各种变故。这些应对技能包括学会控制愤怒,转换视角以将注意力集中在积极的变化方面,反省自己以便重新挖掘你内在的优点和价值,树立你自己的规则以便在面临变化时不会迷失正确的方向。其实,我很了解你。老兄,我和你

第 7 章 应对生命中的危机

很相似,也曾一蹶不振。我会把罗布找来,因为他必须明白人生的变化势不可挡向他袭来,就如《印第安纳·琼斯》电影里的惊险场景一样。我们在人生的不同时期,总会有各种各样的变化,所有人都必须做好准备,迎接挑战。你现在的处境还不算太晚,你人生的道路还很漫长。你或许感觉不到自己的韧性,但我敢打赌你能灵活应对。你愿意与你的朋友并肩作战吗?"

克莱点点头。他眨了眨眼睛,好像从漫长的噩梦中解脱出来。

"那么,你现在想从什么开始着手呢?"

克莱说:"我想,我们应该先离开这儿,这地方开始让我对自己反感了。"

"你说的没错!"达奇说,"来吧,罗布,我们去找个可以好好吃早餐的地方。"

第 6 步　因应变化

如果你只是重复昨天的事情,肯定会得到相同的结果。一定要学会如何创造变化和控制你的反应。应对环境的变化,对于成功很重要,但创造并控制你的反应甚至更加重要。如果变化的节奏超出你的应变能力,或者事情的发展速度超出你的理解能力,你就会感到压力。不过,与变化相伴而来的是机遇和成长。所以你必须做好充分的准备以应对变化。

讨 论

爱因斯坦曾经说过，不断重复同一件事，却期待会有不同的结果，乃是疯子所为。迄今为止，我一直在谈论的，就是帮助你创造变化的步骤，做好应对变化的准备，不论是何种变化。只要你活着，就必然会面对变化，不论是亲朋好友的故世，还是你最爱的发型师或者理发师离去，你都必须做出调整。

迄今为止，我所分享的内容中最重要的一点是，就是它可以持续下去，就像再生的自然资源一样源源不绝。那么，让我们来看看你如何运用前面已经学到的知识，为人生的变化做好充分的准备，不论是变化前或变化后。你必须：

- **检查身份** 弄清楚你究竟是谁。成功取决于清醒的自我意识。
- **创造愿景** 明确的愿景能为自己的事业及个人生活树立有意义的、现实的目标。
- **规划行程** 合理的行动计划能让你努力工作以实现目标。
- **掌握规则** 这些规则应该包括你关心的人，以及让你坚持正途的原则。

第 7 章 应对生命中的危机

- **勇于挑战** 敢于冒必要的风险，从而积极前行。

如果你幸运地克服了各种困难，完成了上述步骤，那么你就为人生突如其来的变化做好了充分的准备。但并不是说，你的人生就不会偶尔出现突如其来的打击。毕竟，人生就是这样，充满各种变数，不会总有安全气囊和保险杠。

你最迫切的事就是做好充分准备，在多变的人生中把握好方向——既要直面各种剧烈的变化，又要应对各种缓慢的改变，如人际关系的变动、年龄变大或者任何让你情绪波动的事情。

必须记住的重要一点是——在艰难时刻可能更难记住——你的人生不全然受制于外界力量。某些时刻，你能重新掌控你的人生，越早越好。这意味着不要重复做一样的事情，却期望得到不同的结果。

> 你的人生不全然受制于外界力量。某些时刻，你能重新掌控你的人生，越早越好。

如果你的生活脱离了正轨，有个便捷的方法可以帮你重振旗鼓，那就是控制好你的愤怒。愤怒一直是我不得不背负的沉重十字架，所以我很清楚每个人都可能会变得愤怒。幸运的是，愤怒很快就会过去。但你不希望自己的愤怒影响判断、事业和人际关系。愤怒的后果可能会影响你一辈子。

下面是一些能帮助你处理愤怒的方法：

- **后退一步，海阔天空**。想想长远的结果。没有了这份工作或者离开某个人，你的生活还过得好吗？
- **出去走走**。找个安静的地方好好想想。在比较安静的环境下，好好思考你的行动可能带来的后果。这样做可能只要几分钟的时间，也可能要好几天。
- **采取积极的行动**。请把你的精力转向你可以主动采取的步骤上。透过托米卡的故事，你会发现为了接受必要的教育可以放弃不如意的工作，这对你有好处。工作不如意是指这项工作不利于你的个人成长。或者你也可以写简历，搜索人才市场。你还可以利用这个机会结交新朋友，建立不同以往的人际关系。你必须摆脱消极思想，保持积极乐观。
- **找人倾诉**。你可以找朋友或者家人敞开心扉地谈论你的感受。只要与他人分享你的想法，你或许就会感到宽慰，这能带给你惊喜。这还意味着，你不会被愤怒冲昏了头脑，对那些惹怒你的人发飙，而能保持镇定，理性沟通。
- **思考你面临的选择**。炸药之所以威力巨大，是因为火药填埋得很紧实。你可别这样。让你陷入困境和失去控制的事物可能也会让你看不到机遇。困境也许就是你人生的转机，能让你奋力抗争，迈向成功。

人生就像季节变化，充满变数。变化是再自然不过的事情

第 7 章 应对生命中的危机

了——如年龄变大、第一次独立生活、结束一段感情再次单身,等等。如果你没做好准备,就会感到悲伤、迷茫、痛苦或者失落。

这些变化就如四季更迭一样正常。其中有很多变化你都能提前做好准备,正如你知道秋天叶子会变黄一样。如果你已经为预计的变化做好了准备,在面对意外的变化时,就更能从容应对。行动起来,一步步了解自己以及能让你坚持梦想的规则,这样你的世界就会大不一样。

> 迄今为止,我们看了一些人的故事,他们都有必须应对的生活危机。不过,危机的影响程度和当事人有关。除非我们真正碰到危机,否则我们根本无法预测面对危机时的反应。接下来,我们要讲述危机、失去和恩典的故事。

成功之路
——玛丽安·珀尔[1]

2002年2月,美国《华尔街日报》驻南亚的代表丹尼尔·珀尔遭到基地组织的绑架,并被斩首。他的遗孀玛丽安写了一本回忆录《坚强的心》(A mighty heart),记述了丈夫的一生,这部回忆录后来还改编成了电影。玛丽安的经历如何影响她的自我同一性,以下是她的现身说法。

我的身份从我出生时就很独特。我的母亲是古巴人,父亲是荷兰人,我成长在法国一个人种非常混杂的社区。住在那儿的大部分是阿拉伯人。我的亲戚既有黑人,也有白人。当我还很小的时候,亲戚之中黑人都很穷,白人都较富。我还天真地认为每个人的情况都和我一样,有穷亲戚和富亲戚。当我第一次遇见贫穷的白人时,我感到非常困惑。我想我对同一性的兴趣就源于此,因为我发现同一性的确非常主观。我还发现,大多数人的身份或同一性都是继承而来的。法国是个种族主义颇为严重的国家。我的很多朋友和与我一起长大的同辈都有阿拉伯血统,他们都曾遭受过种族歧视。这些歧视未必是公开的,

---

[1] 法国记者、自由撰稿人、《魅力》杂志主笔——译者注

第 7 章 应对生命中的危机

相反,常常较隐蔽,但都确凿无疑。我有幸逃过这种歧视,因为我属于另一个不同的种族,在法国当地被视为外来人种。

我感觉自己很幸运,因为身份的这种差异并不会引起我的痛苦,而其他人可能会常常为此而烦恼。我还看到身边的人在两三种文化的碰撞下备受煎熬,而我却能幸免,我想这多半要归功于我的母亲,她是很会包容的人。在某种程度上,我认为种族战争都是过去的事情了,因为已经有人为此牺牲生命。我认为我们应该抛开过去,继续前行。我们已经生活在全球化的世界,今日的我们都是世界公民。我是美国人,这是我自己做出的选择。但我认为自己是世界公民,追根究底,这是一种心态。

丹尼去世后,我的生活成了公众焦点,这让我感到很厌烦。我是个记者,我讲述这个故事是因为它需要被知道。这样做并非为了追名逐利。我对所有的社交圈子都很不习惯。我有Fackbook的账号,但从未登录过。真正的友谊并非如此简单就能建立起来。我也没用过Twitter。我不会存在于虚拟空间,因为我不喜欢这样,也觉得没有必要。虚拟空间不会改善我的身份,不会让我的自我同一性变得更强大。即使成为公众人物,我也不曾为之所动。

你安身立命的根基——你所有的价值和信念系统——就是你的同一性所在。对于我个人而言,我应对所有愤怒、沮丧和悲痛的方法就是,思考我自己的价值,并看看它们有多强大。

> 我应对所有愤怒、沮丧和悲痛的方法就是，思考我自己的价值，并看看它们有多强大。

这是一种很极端的情况，站在你面前的人如此固执偏激，提出的要求非常明确，不惜付出一切代价，不管多少人受到伤害，都要将战争进行到底。如果你面对的人，对战争赋予了如此强烈的身份认同感，我们都需要更为强大的自我同一性才能战胜他们。如果你没有足够强大的自我同一性，你就会完全被恐惧和愤怒击倒。

我度过这一切困难的方法就是，衡量自己的价值有多强。当我回顾我的出身、一生中的各种选择时，我所经历的所有事情都让我对人类充满信心——也许仅次于我对人道主义的信心吧。但对我而言，人道主义是一个非常难于实现的目标。如今，要成为人道主义者非常需要勇气。今天任何有价值的变化都源自于你的内心，源自我们每一个人的内心，这就是人道主义的观点。我发现即使在不幸发生之后，我仍然有坚定生活的决心。相较于恐怖主义者的毁灭决心，我的决定或许要更胜一筹。

我父亲是个知识分子。他非常聪明，我猜想与芸芸大众一样，父亲也一直在寻找他能信奉的社会制度。我的父亲曾迷失自己的同一性。他是犹太人，虽然他是后来才知道这一点。他的故事漫长而又复杂，也充满痛苦，我想我的同一性也有这些特点。他探索了各种政治体系，包括共产主义，这就是我们来

第 7 章 应对生命中的危机

到古巴、并且迎娶我母亲的原因。

当我来到这个世界的时候，人们已经为了政治制度进行了太多的战争，我不认为这些战争值得再发动。父亲为找到生存之道和一种结构、一种体系内的同一性，领导了一系列的斗争，但在我看来，都已经失败了。所以，于我而言，自我意识和自食其力非常重要。我认识到，如果将成功寄希望于什么社会制度或者政府机构，就不会有好结果。这种认识是一笔巨大的财富，因为我不会迷失自己。

我想人们对同一性的追寻是没有终点的。你必须一开始就接受这个观点，因为同一性总是会不断改变和发展。对于孩子，不管环境怎样，最重要的任务是找出你认为最重要的价值。你必须非常真诚地面对这个问题。仔细思考你为何接纳某种价值，是否是因为这样做比较好，还是因为它能唤醒你心中的激情。作为一名记者，我看到很多人因为受到不公正待遇，而做出绝对难以置信之事，尤其是女性。不公之事极易激发我们心中尚不自知的精神力量。但是，因为我们追求的是更崇高的美好，所以伸出援手保护弱者，倾注你全部的能量和感情，成为了一种最基本的行为。因此，找出能让你发挥极致的价值，并恪守一生。人生有各种艰难困苦，但离开这个世界时

> 找出能让你发挥极致的价值，并恪守一生。

真正悲哀的事情却是，没有竭尽全力实现你自己的人生期望。

我不知道还有什么其他方法可行。就我而言，我的方法看起来如此杂乱无章。这是一趟难以置信的人生旅程，把我带到了世界各个地方，感情无所寄托，走得自是十分艰难。我能断言的只有一点，就是人生有着许多价值。其中之一就是自由，而如果你要问我如何克制心中的仇恨，我的回答是，我爱自由甚于仇恨。这就是你人生必须做出的选择，而要做出正确选择肯定会很困难——我对此深信不疑。我想对孩子和年轻人说的是，同一性的确立是个漫长的过程。同一性不可能只做些表面功夫就能建立，因为这样做同一性并不会发挥作用。找到心之所向，明白你是谁，注定是段漫长的路程。

通过阅读书籍，我了解了许多事情。读书时——有时读到一些非常精彩的作品——我可以感受到强烈的情感唤醒，这一点于我有益。每当读到新的观点时，我会注意它是否会与我的内心产生强烈的共鸣。我很早就独立生活，但是没有人生的方向。我成长的环境一切都不明朗，因为我们生活在法国，但我们并不是法国人。所以前方的道路并不清晰。但另一方面，如果我的父母知道我将来会做什么，上哪所大学，那么我会成为什么样的人呢？当然，我自己也不知道。事实上，这一切都得靠我自己去发现。的确，今天我承认这是我人生的珍贵财富。开放的心态非常重要，因为人生的旅程会将你带到各种地方，

第 7 章 应对生命中的危机

给你带来各种从未预料到的变化。我们远比自己认为的更为复杂，人的心灵包容一切，十分微妙。

你需要坚实的基础，也必须锻炼意志力，意志力是无限的资源。你还必须找到将你与世界连接起来的深厚感情。只有下定决心，才能做到这一点。这非常重要，因为不论发生了什么，当其他的事物都灰飞烟灭时，你就会知道你的价值是否足够强大。这时你会发现，追逐成功的光环和其他人们追逐的一切，其实根本没有任何价值。

在前行的道路上保持开放的心态，我发现了什么对我才是真正重要的，这确立了我的同一性。五年前，我认为自己应当做的事情，与现在或明天应该做的事情完全不同。人生没有一成不变的事物。你必须一直前行，不进则退。人生就是如此，总会出现新事物。整合新事物的能力，换个角度反思自己，决不放弃你所坚持的愿景和价值，这些都是作为人类最重要的方面。

在人生最黑暗的阶段，我都努力做到忠于生命。面对死亡时，我努力选择活着，为此我充满感激。丈夫丹尼去世后，我以一种奇特的方式，把生活当做某种形式的复仇，因为我非常、非常愤怒。而我最初的动机，是要反抗那些杀害我挚爱亲人的恐怖分子。在这种想法里，我找到了活下去的力量，并且克制住了愤怒，并且让我保持坚强。我认识到在这场斗争中自己是孤身作战，我不能屈服于仇恨——仇恨可能战胜一切，但我不能允许这种情况出现。事实证明，这种孤单感非常可贵，因为正是在孤独之中你才能汲取力量。然后你可以继续前行，帮助其他人发现这一点。

请你思考

1. 你曾经经历过生命的危机吗？如何应对？事后看来，你还可以采取不同的行动吗？

   _____
   _____

2. 你会怎样帮助其他人应对意外事故、死亡、离婚或者失恋所造成的伤害？你目前学过的关于同一性的一些知识是否能帮助他们？

   _____
   _____

3. 你是否妥善处理自己的愤怒吗？当你意识到你的愤怒让你即将"失控"时，什么是你应该最先做的？接下来呢？

第 7 章　应对生命中的危机

4. 你对于生活中所经历的各种变化有何看法？你的前面还有什么即将出现的变化？

IDENTITY
第 8 章

友谊、团队合作与同一性

想跟你一起坐豪华轿车的人有很多，但你需要的是，当轿车抛锚时，愿意与你一起坐公车的人。

——奥普拉·温弗瑞

罗布听到了木板和铁管一阵咣当，接着是一声惨叫。正是惨叫声让他放下手中的锤子，跑到房子的后面一看究竟。

转过街角，他看到地上放着一堆木板和铁管。在那堆散落的东西里，他依稀看到克莱。克莱的头探出来，前额上已经撞出一道瘀伤。

罗布向他冲过去，用力搬开木板，丢到一边。

"你的伤没大碍吧？"

克莱回答道："还好，我伤得不重。"他想笑一笑，但脸上反而抽搐了一下。

罗布飞快地搬开铁管和木板，就要把克莱救出来时，两个女人从被火烧黑的房子后门跑出来。罗布一眼就看到凯瑟琳和卡萝，"来的真是时候，"他说，"我正需要有医疗经验的人呢。"

"我的伤不要紧，"克莱说。

卡萝接道："你只是不想让我们在你的脖子上绑上一条止血带。"

她和凯瑟琳蹲下来，开始检查克莱的伤势。另外两边几个男人也赶来帮忙。

"我们已经为他包扎好了，"凯瑟琳说，"你要设法将脚手架重新搭起来。"

卡萝看着罗布说道："你不是学工程的吗？怎么不帮忙一起搭脚手架？"

"我学的是计算机工程，"罗布说，"有点不一样。"

墨菲是电器商店的老板，她从后门探出头说："我的两个伙计刚刚运来新炉子，他们知道怎样搭建脚手架。我马上派他们来这儿帮忙。你们这些姑娘都擅长绘画，但你们完全看不出火是从厨房着起来的。"

"跟你在一起的都是谁啊?"凯瑟琳问罗布。

"哦,这些家伙啊,"罗布向帮忙把克莱从木板和铁管中拖出来的小伙子们挥手致意,"他们来自同济会,大家都想来帮忙。达奇也是同济会的,但他已经离开去给孩子们上网球课了。你们那边呢?"

"我和一些青年成就社的朋友一起来这儿帮忙,"凯瑟琳说,"卡萝也跟我一起来帮忙。"

"青年成就社?我还认为只跟创业经验有关呢。"

"为房屋被焚毁的家庭重建家园也是一种成就吧,"凯瑟琳说,"你的大拇指怎么了?"

罗布回应:"我用锤子的技术,可不比克莱搭脚手架差。"

"天啊!"梅尔巴·约翰逊从后门探出头。"没人受伤吧?"

"我很好,"克莱说,"一点小伤,马上就能继续工作了。我们要在你的孩子放学回家之前,帮你打理好房子。"

"我对你们的感激之情无以言表,"梅尔巴说,"我没有保险,一无所有。"

"这正是社区要帮你做的,"凯瑟琳说,"就像过去大家帮忙整修谷仓一样。现在没有谷仓,我们很高兴能帮助你整修你的房子。火灾来得很突然,但你现在有了一个新火炉。"

午后凯瑟琳从前门走出时,罗布刚好从房子后面进来。罗布举起包扎好的大拇指,说道:"谢谢你们的急救。很高兴能让你和卡萝有机会锻炼技能。"

凯瑟琳的一只耳朵上还沾着油漆的污迹,手肘也是。罗布从没觉得她有这么美。

"房子看起来很不错,你不得不承认这点。"凯瑟琳回头张望,欣赏着大家努力的成果。

"我们或许并不完美,"罗布说,"但最终我们还是完成了。人多力量大。你看到梅尔巴吗?她想感谢我们,但高兴的泪水却让她一句话也说不出来。她拥抱我的时候,我觉得肋骨都要给她压断了。"

"我很喜欢这种融洽的感觉,"凯瑟琳边说边起身离去。

罗布走在她的旁边。

"你要去哪里?"她问。

"公园。我答应了达奇要帮他照看下午上课的孩子们,一下课这些孩子就像麻雀般乱窜,我要帮他收拾场地。"

"我的侄子也是其中一只麻雀,我也去那里,我们可以结伴同行。"

等到凯瑟琳看向别处时,罗布才敢露出笑容。

走了几步之后,凯瑟琳开口说:"我很好奇你会回到小镇来。"

"我愿意为与自己志同道合的人服务,"罗布说,"在大学我遇到过一些很好的朋友。但我发现和有着相同价值观的人为伍，对我非常有益。我们能互助互爱。"

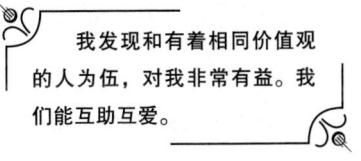

> 我发现和有着相同价值观的人为伍，对我非常有益。我们能互助互爱。

凯瑟琳抬起头，斜着眼看着他说："为什么？"

"就像我们在公园里打篮球一样，"他回答，"有时我的队友和我都没有对手优秀，但是我们却赢了。你知道为什么吗？"

"我觉得我应该说'为什么？'"她说。

"因为我们非常了解彼此，可以各展所长，我们不会单打独斗，需要时能帮助阻挡或让出位置。这与了解一个人的价值观是完全类似的。信任是机器的润滑剂。"

凯瑟琳打趣说："我明白了，不过我可不知道机器还会碰伤自己的拇指。"

他们到达网球场时，路灯刚刚亮起。孩子们在奔跑，尖叫声中带着异常的兴奋和年少的欢乐。达奇站在球场中央忙着指导和训练。他肯定适得其所。

遥远的天空开始变得斑驳陆离，天际线上点点红霞。小鸟低鸣着准备还巢。树叶沙沙作响，就像在浅吟低唱。

凯瑟琳和罗布站在山顶巨大的山毛榉树下，罗布猜想，在第一批英国移民登上这片大陆之前，这棵树一定就生长在这儿。一缕微风从山上吹来。这是一天最美好的时光。他们俩站在这儿看着孩子们玩耍,而家长则在露天看台上闲聊,似乎他们都很满足。

"你为什么回小镇过暑假?"罗布问。

"你认为回到这对于我很难吗?"罗布还没回答,凯瑟琳就接着说:"我要向我自己和其他人证明,但主要是向自己。在你身上我也看到自己珍视的一些品质,它们是美好的事物——忠诚、慷慨、同情心和真诚关爱你身边的人。"

"嗯……啊……嗯……"

"是吗?"

"如果我邀请你与我共进晚餐,你愿意吗?"

她抬起头看着他说:"你不觉得我们刚才聊得很投机吗?我当然愿意。"

他低头看着她,看着她耳边的油漆和闪亮的双眼,俯身靠近她。

他们吻在了一起。

第 7 步 组建团队

与能帮助你实现目标的良师益友建立支持性的和睦关系。

第 8 章　友谊、团队合作与同一性

讨　论

这个故事讲述了人们为了帮助患难中的朋友，自发地走到一起，组成了一个非正式的团队。故事的主角罗布自始至终都是位忠实的朋友，这显然是他的核心价值和基本的人格特质，体现了他的同一性。罗布还擅长召集人们组成小型的非正式团体，让大家各展所长。这是持续取得成功者的核心特征。他们相信单凭一己之力很难成就大事。如果你有梦想，就需要一支团队。

这些年来，我了解到那些能持续成功的人都有这一观念：他们遇见的人都可能成为他们社区或者团队中的一员——新同事、客户、供应商、志愿者、朋友，所有你能想到的人。这就是我想说的一点：如果你预先知道你和他人的关系会持续一生，你们的合作关系是否会改变，而无论好坏？如果你共事、交易或服务的每个人都将永远是你的邻居，或者至少是你愿意交往的聪明机智的人，你会怎样建立人际关系呢？

我们所有人都居住在这个全球化的世界，你无法隐藏自我。你很可能会一再遇到相同的人，不论你是否想和他们维持长久的关系，不论你们的关系是好是坏。坚信这一事实能改变你的一生，因为你会把任何人视为你梦想团队的潜在成员。

如果你想不断取得成功，最好将身边的人视为长久交往的对象，他们在你生命中的角色可能会发生变化——有时他们为你工作；有时你为他们工作；有时候他们会离开你的公司，变成你的客户、供应商、管理者或者竞争对手——有些人会成为你终生的朋友。如果你将他们视为你虚拟"团队"中的一员，那么惟一会随着时间变化的事物，就是他们在你生命中所扮演的角色。你仍然拥有这段关系。如果你能认识到人际关系将会持续存在，那么你就会尊重和珍惜你的所有人际关系。你将忠于你自己和他人。

在你的个人生活中，家人和朋友的区别在于，你可以选择朋友，却无法选择家人。有些人看待生活的方式，好像一切都是命中注定——不论他们遇见谁，都成为他们生活的一部分。但这无论如何都算不上最好的主意，如果你想掌控自己的身份和生活。你碰到的人之中肯定会有笨蛋和人渣，犯错不可怕，但比犯错更可怕的事情就是与这样的人为伍，因为你相信这是命运。

现在，我并不是说要你相信爱情无关浪漫。我相信爱的灵性是世上最强大、最无畏的力量。我也不是说你应该使用尺子或问卷来寻找伴侣。我要说的是，如果另一个人的价值观将你深深吸引，那么你们俩互相帮助就有很大的机会获得人生的成功，而你们的关系也会更加长久和健康。

罗布和凯瑟琳就是这样，两位都是爱思考的年轻人，不急

第 8 章 友谊、团队合作与同一性

于得出直接的答案，而是仔细地思索和提问，这让他们能更好地和睦相处，比那些认为生活全凭运气的人保险得多。这样做并不会使他们变得工于心计、操纵他人，因为他们早已仔细地反思过自己，现在又以同样的标准审视身边的人。

设想你走入一个房间，为某个人所吸引。此时此刻，吸引并不是建立在理解的基础之上。你必须花些时间去了解你自己，如果你过了这关，还要花些时间去了解其他人的同一性。

请思考一下你认识的人——或许包括你自己——他们只因为某个人的长相、心情或喝过头，就立刻被迷得神魂颠倒。我的意思是，如果你只是为了和父母斗气，一时冲动与"坏男孩"或"坏女孩"交往，那总有一天要为此付出惨痛的代价，更别说误入歧途，偏离成功的人生道路。

这也是你坚持自己的愿景、梦想和价值的原因所在，你身边需要同样重视这些价值的人。

这让我们想起如何才能拥有成功生活的第一个迷思：只要有梦想就足够。它自然会实现。真的吗？

你必须努力工作和精心计划，当然追求成功的道路上还需要其他人帮助。成功不是买彩票，全凭运气，有人摸中亿万财富，有人则两手空空。成功是努力的结果，当你努

> 成功是努力的结果，当你努力迈向成功时，你交往的人可以帮助你，也可能成为你的绊脚石。

力迈向成功时，你交往的人可以帮助你，也可能成为你的绊脚石。

现在请思考下面这个问题：在你15岁时，如果有人给你一个忠告，告诉你如何了解自己和自己的同一性，你希望这个忠告是什么？你是否希望当年他们曾告诉你要慎重地选择朋友和伴侣？你听从了他们的建议吗？在前行的路上你要学会调整自己。想想罗布的朋友艾伦，他或许曾有过崇高的价值和人生准则，但最后却因为不能支付孩子的抚养费而锒铛入狱，除了自怨自艾，一事无成，某种程度上还错误地认为世界对自己不公平。请记住，你不必受外在世界控制，不必是受害者。如果你的好朋友不是抱持这样的想法，他们肯定无法帮助你实现梦想，因为在他们看来，他们的生活也陷入了难以自拔的泥潭。

让我们来看看，结交朋友需要注重的一些特质，无论是已经拥有的还是未来达成的。

理想朋友或伴侣的品质

- 他们值得信赖吗？他们是否言出必行？诚实吗？坦率吗？
- 他们是否妄下判断？他们聆听时会不会打断别人的讲话，并且在回答之前耐心地听完关于某个情境的所有细节？
- 需要他们帮助时，他们会挺身而出吗？请思考一下当梅尔巴的家发生火灾时，所有作出响应的人。他们做了一件只有真正的朋友才会做的事：挺身而出。

- 他们诚实又有责任感吗？他们能自食其力吗？会完成自己的职责吗？再次想想罗布的朋友艾伦。只观看外表并不能判断某个人是否正直。
- 他们值得尊敬吗，即使面对责难、诱惑或挑战？
- 他们对自己和他人坦诚相待吗？你能否相信他们写的简历？
- 你相信他们能保守秘密吗？这并不是说，遮掩已经发生的事情。我强调的是一种基本的信任，你有信心他们总能为你着想吗？
- 他们的优势能给你加分吗？有了他们的加入，你的团队更强大、更能干吗？
- 他们能坦诚自己的缺点和错误吗？
- 他们能优先考虑他人的利益吗？你会发现，爱心、荣誉、同情和牺牲精神是人类最崇高的特质。从你身边的人身上寻找这些特质吧。

请你思考

1. 在结交好友、约会情人或者与你联系最多的人交往时,你总能做出明智的决策吗?有什么事情是你希望当时能有不同的做法或者重新再做一次的?

2. 共同的价值观如何对你和最好的朋友起作用?

3. 哪些组织里的成员与你有着一样的价值观?

4. 如果你必须重新寻找朋友和伴侣,你会从哪里开始?为什么?

IDENTITY
第 9 章

坚持不懈，永不放弃

世上没有任何东西可以取代毅力。才华不能取代毅力，怀才不遇的人比比皆是。天赋不能取代毅力，郁郁不得志的天才几乎人人皆知。教育不能取代毅力，这世上到处都是受过教育的失败者。只有毅力和决心，才是无所不能的。

——美国第 30 任总统　卡尔文·库利奇

回顾一生，想起那些有幸结识的杰出人士，我总是会想到，我们每个人都是一件有待完成的艺术品。我从伟大的艺术家身上学到，在任何情况下都应坚持不懈，永不放弃。他们忠于自己的价值和愿景。毅力成为他们的人生习惯。

在阅读下面杰克·斯丹费尔德的故事时，请思考怎样才能提升你的毅力商数（PQ）。

第9章 坚持不懈，永不放弃

成功之路

美国著名演员和健身教练 杰克·斯丹费尔德

听说过"杰克塑身"吗？这是健身界鼎鼎大名的杰克·斯丹费尔德的口号，他让许多人重获健美身材，包括美国著名的男演员哈里森·福特。杰克还在大小屏幕上扮演各种角色，也为动画人物配音。现在他已经年届50了，仍然是美国身材最健美的人之一，下面是他的自述。

小时候我是个小胖子，还有点口吃。只要自信和自尊受到打击，我就会狂吃奶油夹心蛋糕。此外，我成长在一个犹太家庭，我们的习惯是必须吃完自己盘里的食物，否则妈妈就会盯着我说："怎么了，味道不好吗？"所以，我就成了个小胖子。

口吃的问题更棘手。我的口吃很严重，但我没被安排进入专门为学习障碍儿童设置的特教班，为此我感到很庆幸。尽管如此，对于我的成长，口吃仍是个非常困难的挑战。我无法站在全班面前讲话。我甚至无法张口买比萨，你可能难以置信。

成长过程中，我曾经历过许多令人沮丧的事情。在课堂上，当教师说："好了，各位同学，让我们来大声朗读。一段一段来。

每个人都要读一段，现在我们开始。"我会数出我要读的那段，然后努力记下来。现在看来，并不是我不会朗读。我不是个傻瓜，对吗？但是口吃却让我很受挫。

在我的一生之中，口吃都是个残酷的事实。人们取笑我。他们真的理解我吗？我的意思是，你不会嘲笑癌症患者，却会嘲笑口吃的人。如果你无法与人沟通，那么口吃就会变成绊脚石。这非常具有挑战性。但现在我说话很流利，不是吗？我的一生就是一种沟通。与我一起长大的朋友现在看到我就会说："哥儿们，我们从未想过你能如此有成就。"

14岁时我的人生出现了转机，父亲为我买了一对哑铃。它改变了我的一生。哑铃不仅锻炼了我的体魄，而且更为重要的是，它建立了我的信心和自尊，这一点我想大家都能明白。只要你对自己有信心，就能取得惊人的成就。

父母也很信任我，给我支持，鼓励我进步。更重要的是，我的祖母真的非常信任我。她是最酷的。她会带我去我从未去过的地方，带我去赛马场，带我去麦迪逊广场花园，观看前世界重量级拳王乔·弗雷泽的拳击比赛。即使我还是小孩子，她就带我去百老汇，教我欣赏戏剧。她让我接触所有这些不同的事物，并且一直告诉我："不论你这一生渴望什么，你都能实现。"我笃信，一个好汉三个帮。你必须与那些成功的人生导师在一起，必须结交那些相信你的计划的朋友，如此你才能取得胜利。

第9章 坚持不懈，永不放弃

她就是在精神上不断激励我的人，而且她对我还总是直言不讳，因为我是四个孩子中的老大。

我深信，人生总是充满契机。妈妈常说我是最棒的。她曾经说："我的大儿子，不论你想做什么，你一定能做到。"所以我在八年级时决定参加篮球队的选拔。虽然我平时练球并不多，但我热爱篮球。我是纽约尼克斯队的超级粉丝，还和一群伙伴参加了学校篮球队的球员选拔。周五的选拔赛结束后，教练在体育馆的墙上贴出了晋级队员的名单。我和几个朋友前去查看结果，我把名单从头看到尾，就是没有看到我的名字。我心想："哦，不会吧。教练一定是在跟我开玩笑。"我甚至把名单翻过来看，心想会不会有人搞恶作剧。但事实是，我被淘汰了。这在我的人生中还是头一遭。

随后我想："等一下。我来参加篮球选拔，可不是在家随便打着玩的，我可不想和表兄弟们打球。我竭尽全力想加入一支真正的球队，却惨遭淘汰。"我可以告诉你，那真是人生最糟糕的时刻。不过，我有首叫做《不要放弃》的小诗，是同年级的一个女生送给我的，她还在背面写上了诗的名字。没人知道诗的作者是谁，但它却一直鼓舞我，直到现在的每一天：

不要放弃！

世事难料，当人生不如意时，

当你跋涉前行的道路似乎满布荆棘时,
当你囊中羞涩而债台高筑时,
当你想一笑置之却不禁叹息时,
当忧虑让你不堪重负时,
那就休息一下吧,如果有必要的话,
但是,不要放弃。
人生充满变数,道路迂回曲折,
每个人都能领会到:
许多失败都能逆转,
只要坚持就能胜利;
即使步子缓慢也不要放弃——
再奋力一搏你就可能成功。
从那些筋疲力尽而又步履蹒跚的旅者看来,
目标似乎很遥远,
但其实已近在咫尺;
而奋斗者常常在胜利曙光来临前放弃,
直到夜幕降临时才幡然醒悟,
成功的桂冠曾经近在咫尺。
成功就在失败的反面,
它是疑云中的一线曙光。
你永远不能确定距离成功有多少近。

第9章 坚持不懈,永不放弃

它可能近在咫尺,看上去却远在天边。

所以,当你遭遇最猛烈的打击时,也要坚持不懈。

即使在处境最恶劣的时候,也不要放弃!

激励我的正是这首小诗,父亲把我装玩具火车的厚纸箱拿来当篮板,更是激励了我。我家有个小后院,我们找了个铁环,架在后院的篮板上,整个夏天我都在练习投篮。我是左撇子,但在篮筐的左边有片突出的屋檐,让我无法从左边投篮。我只得从右边练习转身投篮。九年级的时候,我终于如愿以偿,加入了学校篮球队。我们的第一场比赛,对阵的就是什里夫波特队,这是我们的主要竞争对手。你知道我当时的样子吗?14岁,九年级男生,留着爆炸头,穿着吊带裤,看上去很神气。我坐在长凳的最边上,是11号替补队员。在离比赛结束还有17秒钟时,戏剧般的一幕发生了,我方球队的两名场上队员竟然相互撞在一起了。他们因为严重对撞而不得不离开比赛。当时我们还落后1分。我的教练,科恩先生,看着长凳另一端的我说:"斯丹费尔德,赶快过来。"他还对我说:"好吧,快上场比赛。不要碰篮球,不要碰篮球。"我说:"好的,教练。"他一时目瞪口呆。我们在球场另一端抢到篮球。那时我站在球场中央,寻思不会有人把球传给我,他们会传给迈克,他可是我们队的明星球员,不是吗?但其他每个人都有人盯防。他们只好把球传给了我。时间在飞快地流逝。我运着球,他们在比赛结束前最后一秒碰撞我犯了规。这是一对一罚球,对手是我们的劲敌什里夫波特队。而我当时只是第11号球员,一年前还没加入球队。

什里夫波特队实力很强。他们的球员全都人高马大,不是吗?他们都是九年级的学生,我走到罚球线。我过去常常像里克·巴里在美国篮球协会(ABA)联赛里一样练习投罚球。裁判吹响了哨子,把球传给了我。我上翻投球——嗖的一声,球进了。我将比分追平,36比36。对方请求暂停。我走到边线,科恩先生赏了我一耳光。但我回到了球场,又投中了第二个罚球,赢了比赛。正是在这一时刻,我学会对自己说:"男子汉大丈夫,我能做到,我能一较高下。"整个高中阶段我都担任了球队的队长,因为科恩先生从初中教练升为高中教练。

我勤奋工作的道德观念是从祖母那里学到的,她每天都在工作,地点在布鲁克林地区(美国纽约西南部)一家位于布莱顿海滩的曼哈顿海滩酒店。我从我父亲身上也学会了勤奋工作,他一周工作七天。父亲一大早就起床,穿上西服,打好领带,每天都去工作,周六有时甚至包括周日都在做销售。我们家属于中产阶级。他们就是这样努力维持家计的。

一直到进入纽约州立大学考特兰分校时,我才真正觉醒。大学录取我是因为我会打长曲棍球。虽然我的球技并不高,但

第 9 章 坚持不懈，永不放弃

他们还是录取了我。学业并不是我的追求，于是我开始健身。我真的很热爱健身。父亲在我14岁给我买哑铃时，我的理想就已渐渐明朗。女孩们开始注意我。我不再是那个人人取笑的肥仔杰克了。现在女孩会问我："哇，我能摸摸你结实的肌肉吗？"我开始为自己感到骄傲，那时还在念大学。我是为了母亲才读大学的，不是吗？我必须上大学，因为那是他们对我的期望。我们居住的小镇叫鲍德温，一个由意大利人、犹太人和天主教徒组成的社区。附近虽然有很多黑人小孩，但主要还是白人。在我们社区经常会听人说："你的儿子上的是哪所大学？""他要去哈佛。他要去耶鲁。他要去西点。"我没有进入任何名校，我在考特兰州立大学上学。

我在那里待了三个月，打长曲棍球。1977年，我们在雪城大学集训。我的站位是第四中场，那时职业级的长曲棍球队友告诉我："哎呀，杰克，我还以为考特兰队里只有三个中场呢。"可见我当时的处境。我是负责开球的人，走到球场，开球，随后离开球场。在雪城比赛的那天是11月份，天气寒冷。空中飘着冰冷的雨滴，我站在球场边线上，几乎冻成了球员冰雕，这时我对自己说："够了。我必须给妈妈打电话。我必须告诉她，我要去加州发展，做一名健美运动员，因为那才是我的梦想。"我在寝室的墙上贴满了高大健硕的肌肉男。我心里很清楚："那才是我梦寐以求的，我想成为健美运动员。"你或许会想："犹太健美运动员？根本就不搭吧，就像肉配牛奶[1]、穿袜子配凉鞋一样。犹太人和健美运动员根本就不搭。"

　　健美让我感觉自己很了不起，腰板也比以前挺得更直了。人们都认识我。我每天都要进行训练。我看见自己变得高大而又强壮。我看着镜子里的自己沾沾自喜，摆出杂志中模特的姿势，我可不是瘦小子长肌肉了，而是从小胖子变成肌肉男。我回家告诉父母时，父亲说："你有梦想？那就努力实现它。"

　　离开家之前，我所有的朋友和死党，都这样问我："你在做什么啊，哥儿们？"我回答："我要去加州，我要成为美国先生。"有朋友说："开什么国际玩笑，你去加州永远也成不了美国先生。"所有人都认为我去加州没什么好结果。"那里没有出路，哥儿们。""你永远不会成功，等到夏天你就会灰溜溜地回家了。"今天我仍然会不时听

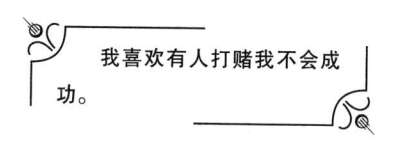

> 我喜欢有人打赌我不会成功。

到这些声音。它们让我更有斗志，我喜欢有人打赌我不会成功。

　　我对健身一直充满热情，但我没有成为美国先生。我获得南加州健身先生亚军。击败我的那个家伙使用了类固醇。我早就明确地下定决心不使用药物，这可不是什么好东西，对身体有害。当时我19岁。所以我没有成为美国先生。但我对自己说：

---

[1] 犹太教禁止同时食用肉制品和奶制品，也不准这两类食品放在同一个盘子里——译者注

第 9 章 坚持不懈，永不放弃

"我已经无法回头。我热爱训练，热爱健身。凭此我会成就一番事业的。虽然我不知道具体该做什么，但我不会回纽约。"于是，我成了第一个私人健身教练。这完全是偶然所致。在我居住的公寓大楼，有位女孩请求我帮她健身。她准备为 Club Med 拍摄商业广告，让我帮助她塑造形体。她与城里的其他人有联系。一传十，十传百，我指导人进行健美训练的消息传到了大导演斯蒂芬·斯皮尔伯格的耳中。他和我成了好哥儿们。能够认识这样的名人，还有哈里森·福特、贝蒂·米勒、普瑞希拉·普雷斯利、史蒂夫·罗伊斯和沃伦·比蒂，对我来说意义非凡。我跟他们往来密切。我知道这是一个重大时刻。

然而，你必须坚持到底，做好自己。有时望着镜中的自己，你会有一个很棒的想法一闪而过。晚上你把它写下来，第二天早上醒来，带着所有的兴奋和热情努力实现这个想法和梦想，却在突然之间开始思考不能成功的理由。等到你喝完咖啡坐上车时，你再也不想成功这回事了，因为你轻率地认为你无法实现理想。

帮助我克服这道难关的，正是我身边的这群人，我每天都要与他们打交道。从他们身上，我学到了一件最重要的事。我认识到，他们与我没什么不同。惟一的差别是他们有梦想，从不放弃对梦想的追求，不成功决不罢休。于是我在内心暗暗对自己说："你知道吗？我或许永远拍不出《外星人 ET》这样的电影，但我会有属于自己的成功。"是该行动的时候了。因为与这些名人打交道，我开始出名。我是第一个私人健身教练，使之成为一种职业，并且将训练内容制作成影碟和书籍。1982年，特德·特纳（全美最大的有线电视新闻网 CNN 的创办者）让我在 CNN 开始主持《健身一刻》节目。从此特德成为我的良师益友。

关键在于，永远不要放弃。你永远不知道何时教练会看向长凳另一端的你说："斯丹费尔德，这儿没有其他人能上场。你坐在那儿盯着我看很久了——现在赶紧上场。"现在轮到你上场了。你必须先做好准备。

这就是我最后想送给大家的话，也是我想刻在墓碑上的：勇于尝试，保持热情，永不放弃。你一辈子最不愿意发生的事情是，当你30、40、50或60岁时，看着镜子的自己说："你知道，我曾有过机会，我本应放手一搏，我原本想去那么做的。可惜我没有。"这会让人抓狂的。人生最糟糕的事情莫过于失败。每个人都会遭遇失败，这很正常。我也失败过，我们所有人都曾失败过。但要努力从你的失败之中汲取教训。不管你是站在人生的巅峰，还是陷入人生的低谷，你的自知力会让你明白自己是何种人，你身边的人是何种人。永远不要放弃！永远不要！

> 勇于尝试，保持热情，永不放弃。

请你思考

1. 你清楚自己喜欢做什么吗？如果没有，就要搞清楚。任何事情想要做到最好，都要坚持不懈。你必须热爱你从事的工作，否则它就会变得非常困难。看看你热爱的事情有哪些，然后做出明智的选择。
   _____
   _____

2. 选择并追求热爱的事情时，你怎样表达你的核心价值？
   _____
   _____

3. 怎样测量你在某项技能上的进步，以判断自己是否真正达到所需的水准？你需要制定切实可行的目标，持续地为你提供及时反馈。这就像球赛，每一次投球都能得到反馈。
   _____
   _____

IDENTITY
第 10 章

适应时代，调适身份

就像《绿野仙踪》这个童话故事一样，我们都在寻找女巫、心脏、头脑和胆量，女巫说你已经拥有这些了。你要做的就是善用它们。如果你坚信自己不屈不挠，那么万事皆有可能。

——美国著名黑人女教育家 玛瓦·科林斯

罗布打开电视，浏览电视频道，真人选秀节目《X元素》里的一段表演吸引了他的注意。虽然他很少观看这类节目，但一名参赛选手却让他不再转台。他看到 17 岁的伊曼纽尔·凯利讲述他和弟弟的故事,他们出生在战乱肆虐的伊拉克,被人发现时身受重伤,没人知道他们有多大,因为没有出生证明。凯利谈到他的澳大利亚养母时说:"我出生在战区。几位修女在公园的一个鞋盒子里,发现了我和我的兄弟……当我的妈妈走进孤儿院时,就像看到了小天使。她最初只是想把我们带到澳大利亚做手术,然后,妈妈就爱上了我们两个小宝贝。我的妈妈是我心目中的英雄。"

这个年轻人没有左手,右手紧握着麦克风,唱着列侬的歌曲《想象》。"想象这个世界没有国家,这并不难,没有杀戮和死亡……"罗布不禁被凯利的这种乐天知命的精神所感动。凯利表演完之后,冲过去拥抱妈妈和兄弟,他们紧紧的拥抱中折射出了爱,从中也能看出他对自己身份的自信。成长过程中,出于对摇滚歌星的热爱,凯利变得出类拔萃。

罗布关掉电视,不禁想到为何有些身体健康、四肢完好的人,却总是厄运连连、郁郁寡欢,而这位歌手却能拥有健康而完整的自我同一性。与战乱中的伊拉克孤儿相比,有些人拥有很多却对生活心存疑虑,而这位年轻歌手对生活所展现出的自信和活力,让罗布感到深深的震撼——这应该能提醒许多观众,要对生活多一份感激和热情。

电话响了,罗布拿起电话,听到达奇说:"想喝杯咖啡吗?老地方见,有些事情我想跟你唠叨唠叨。"

第 10 章 适应时代，调适身份

不到十分钟，罗布就赶到了咖啡店，看到达奇与美国斯特吉斯地区的"最佳商人"斯特拉坐在一起。在布莱克城，不管走到哪里，都能见到斯特拉的巨幅照片，不管是刊登在广告牌上，还是出现在她租给购房客户的搬家卡车上。她一直以来都是商业明星，而她无时无刻不挂在嘴边的经商口号是，"做最划算的交易"。

罗布叫了杯咖啡，走向他们的桌子，刚坐下，罗布说道："斯特拉正在经历同一性危机。"

"嗯，我不认为这是危机，"她说，"我认为这是对生活的一种醒悟。"斯特拉年轻的时候是个烟鬼，现在说话的声音就像铲斗刮蹭碎石的摩擦声。而且，严肃的表情就像军校的图书管理员，这都给人留下了威严的印象。不过，罗布认识她好几年了，她是一位杰出的社区领导者，不但经常看到她参加公众活动，还看过她在房产公司前修剪草坪。她看起来或许像海军陆战队教官，但她也像一位邻家大妈一样和蔼可亲。

斯特拉转头看着罗布："我最近收购了一块店面，就是达奇过去的书店。达奇告诉我你在那儿为他打过工，所以他认为你听到这消息肯定会高兴。我去看过那家闲置下来的店面，突然间冒出个想法。你可能不知道，我也不好到处宣扬，但我私下处事的态度就是，永远要把事情做得更好。"

"为了开发南城，她卖掉了那边的所有地皮，还争取留出足够的地皮来建个球场,并劝说他们在开发区加入人行道和自行车道。很多人并不知道这件事。"

"即便是小事我也会努力争取,"她说,"我帮助年轻的夫妻争取银行的贷款,以成家立业。我总是要确保那些从我这里购房的客户没有任何意外的闪失。加固地基、翻新屋顶这些事,我都做过。我说这些不是为了自夸,只是为了向你证明我对自己了解多少。"

罗布放下杯子,靠得更近了。"接着说。"罗布一直很关注同一性问题,每个人都会表现出多面性,这让他们更加有趣。

"事实上,"斯特拉说,"我过去常常热衷于追名逐利,要把房产公司做到最好,击垮其他竞争对手,在他们还没进入状态之前我就已经成交了。我是一个女强人。于我而言,胜利不是一切,却是惟一有意义的事物。我过去常常要求自己必须成为大人物,不择手段地追求成功。我不断取得胜利,但我并不能总是那么喜欢镜中偶然瞥见的自己。或许经常为我的客户提供服务,算是一种补偿吧。尽管如此,我独自静坐时,告诉自己,是该做决定的时候了。我的事业一直以来都很成功,虽然我对'成功'的定义有所偏颇,不过现在年纪大了也该退休了。我曾自问,是否真正喜欢自己所做的事。我的回答是,能让我的客户生活更美好,住得更宽敞,的确让我感到其乐无穷。我最终明白了,生活中的一些小事既能打击人的士气,也能鼓舞人的斗志。所以我问自己，为什么不能把所有的时间和精力都用来提升身边人的生活呢？"

> 能让我的客户生活更美好，住得更宽敞，的确让我感到其乐无穷。

罗布的咖啡凉了下来，他啜了一口，等着斯特拉继续把话说完。

斯特拉摩挲下双手，眼中闪过一丝光芒。"我的计划是这样。我打算把我的公司交给两个侄女，然后在达奇书店的位置开一家二手货商店。我们镇上还没有一家这样的商店，所以应该是有需求的。此外，我就要退休了，经济条件比大多数人都好，所以我甚至不需要薪水。我赚的钱都可以捐给慈善机构。如果存货过多，还可以捐出一些给附近的爱心组织。这家二手店不仅做一些善事，而且可以再次成为社区的聚会场所，门口可以卖糕点，或者俱乐部在此集会，就像达奇在这开书店时一样。你认为怎么样？"

罗布看了看达奇，只见他已笑开了花。罗布说："我想这是个了不起的主意。不过，是什么原因让你决定迈出这一大步？"

"啊哈，问得好，年轻人。有时人们不论有意还是无心，总会误入歧途，特别是对于人生重大之事的理解。他们甚至可能需要重塑自我。有时他们自己能搞定，有时则需要亲朋好友的帮助。当我认识到什么事情才能真正让我快乐时，我为自己重新定义了成功,并决定为此付诸行动。"斯特拉说,"我希望,我能一天比一天更喜欢镜中的自己,为此我计划每一天都帮助人们改善他们的生活。想要达成这个目标,我觉得社区二手商店就是一个理想场所。"

几个月之后,罗布开车经过斯特拉的商店,看到一群女童子军在店门前卖饼干。他找了个地方停车,径直朝店铺走去,他也曾在那里卖出去过不少的书。斯特拉在店里,从一个打开的货箱前抬起头,向他招了招手。架子上摆满了货物,衣架上也挂满了衣服。斯特拉说:"谁会想到我居然收到这么多的二手物品?"整个小镇都很支持这个小店(这里面当然有达奇的影响力),二手物品如潮水般地涌来,从教会、俱乐部、个人以及小镇的每个角落涌向斯特拉的小店。斯特拉四处打量着这些货物,有点惊讶于自己实现的小小奇迹。她指着一个镶嵌磨边镜子的橡木梳妆台说:"现在,我很满意镜中的自己。"

斯特拉所为之事并非人人能做到。她仔细而清晰地审视了自己的同一性,并重新定义了成功的意义。于她而言,诚实助人的辛劳所带来的全新感受就是自由。

第 8 步　赢在决策

你在这个世界上的成败得失，都是迄今为止你在生活中所作决策的结果。你现在所作的这个重要选择，将会是你人生最大的一个挑战。仔细思考它对你的个人生活、家庭、事业以及长远愿景的影响。

讨　论

> 成功者养成了一个习惯，那就是做失败者不愿干的事。
>
> ——托马斯·爱迪生

如果你常常浏览互联网，对于人们喜欢针对新闻事件发表评论的现象，或许并不陌生。这些人可能使用假名，这样就可以对自己的恶意评论无所顾忌。这些行为与同一性无关，他们喂养的正是心中那匹邪恶的饿狼。如果要求这些人表明身份，使用自己的真名发言，比如拉尔夫·杰克逊而不是ScooterPie7，他们还会发表一样的言论吗？我很怀疑。然而，在假名的伪装之下，某些人就不再友善，也不受价值观支配，甚至低劣卑鄙。你想成为这样的人吗？希望你能做真实的自己——而且是坦率的自己！

除了透明性的问题之外，通往你自我同一性的道路也是充满曲折的。你可能会跌倒，遭遇障碍，甚至是个人灾难。你必须做好准备，重新振作，抖落身上的尘土，再一次踏上旅程。你甚至会审视自己，就如斯特拉一样，可能不喜欢你看到的自己。有时你会成为你自己最大的敌人。你必须学会如何避免出现这种情况——或者，当你发现自己走错了人生方向，至少知道如何纠正。

> 我们不断遇到各种看似不同的同一性概念。你阅读下面悉德·菲尔德[1]的故事时，透过悉德的讲述，你或许能明白这点——他经历了一系列极端的同一性大转变。或许你能得出结论，他找到真实的同一性，的确花了不少时间。看看你有什么想法。

---

[1] 美国著名编剧、制片人，著有电影领域的名著《电影剧本写作基础》——译者注

第10章 适应时代，调适身份

成 功 之 路

悉德·菲尔德

悉德·菲尔德曾被CNN誉为"电影编剧大师"，而《好莱坞报道》则称他为"全世界最受欢迎的编剧教师"。在最受推崇的8本指导剧本写作的图书中，他的《电影剧本写作基础》被电影界奉为"圣经"，并且被翻译成28种以上的语言，在美国超过450所大专院校选用该书作教材。他在世界各地创办了剧本写作研讨班，同时也是阿根廷、澳大利亚、奥地利、巴西、德国、以色列、墨西哥等许多国家的政府特约剧本顾问。他还受迪斯尼制片厂、20世纪福克斯公司、环球电影公司、耐克公司和其他公司的委托，开办特别节目的制作研讨班。2006年菲尔德还入选了久负盛名的名人堂，现在是美国南加州大学著名的"硕士专业写作课程"教师。许多好莱坞电影都使用他的剧本范式，反对他的也不少，悉德显然已经成名了。不过，他知道即使他牢牢掌握了自己的同一性，仍然必须谨言慎行，才能不断重塑自我。下面就是他自述的个人故事。

在我的成长过程中，我必须面对一个大我四岁的哥哥，他是我父母眼中的宝贝。父亲的家具公司"莫顿家具"，就是以他的名字命名的。他总是这样一个"好"孩子,在他们的眼中他从未做过错事,也是我学习的榜样。对此我很抗拒,并且决定如果他是"好孩子",我就要当个"坏孩子",这让我常常惹麻烦。

这就是我如此固执的原因所在。所以,随着长大,我与我的朋友几乎对一切都更加叛逆。中学时,我们总是有惹不完的麻烦。我们还是学校田径队的明星运动员,所以大多时候我们都能侥幸逃脱。我的家人还记得,自从12岁时父亲去世,我就成了母亲最担心的人。她害怕我一事无成,因为我总是惹麻烦,而且除了运动技能之外,没有任何特别的才能。到我中学毕业时,詹姆斯·迪恩开始崭露头角。我的朋友弗兰克偶然结识迪恩,于是我们在好莱坞大道上闲逛,无事生非。我们到处跟人打架,还进了少管所,是彻头彻尾的反叛者。

詹姆斯·迪恩在我们身上找到了自由,换了个角度审视自己的生活。他不像一般演员那样按部就班,相反,而是过着无拘无束的自由生活,演戏只是其中的一小部分。在迪恩主演《无因的叛逆》[1]约一年之后,我们认识到我们这群人就是这部电影中"坏人"的典型。于是我们开始变本加厉地扮演这样的角色。后来,母亲过世。阿姨指责我害死了母亲。这并非她本意,只是失去亲人的悲痛让她不能自已。当然,那是在多年之后,我

---

[1] 美国1955年影片,被誉为青少年影片的里程碑之作——译者注

第 10 章 适应时代，调适身份

才明白她的本意并非如此。不过，当母亲在我生日那天过世时，我的性格开始出现转变。我决定不再那么招摇、成天惹是生非、哗众取宠，开始变得安静和内敛。我对自己说："我再也不做运动员，再也不参加任何田径比赛了。"（那年我作为南加州大学田径队的成员，还夺得了全国比赛冠军。）

结果，我去了加州大学伯克利分校，从哗众取宠转变为安静内敛，专注于成为优秀的人。我要履行在母亲去世前对她的承诺，其实我是个好孩子。这意味着我将成为一名专业人士：医生、律师、印第安人酋长——不管是什么职业，只要是她的希望，就是我将来的奋斗目标。

在伯克利我还游移不定，不知道何去何从，仍然在寻找自己需要什么。后来，我开始演戏，并大获成功。然后我遇到我的人生导师让·雷诺，他是法国电影导演、编剧、演员、制片人和作家。作为导演和演员，从默片时代一直到20世纪60年代末，他一共拍了40多部电影。作为作家，他为他的父亲——著名的印象派画家皮埃尔-奥古斯特·雷诺——撰写了一部权威传记。作为人生导师，他改变了我人生的方向。雷诺曾告诉我："未来属于电影——不要在英国文学上浪费时间，不要为专职工作而浪费时间，未来是电影的时代！"他为我写了一封推荐信，告诉加州大学洛杉矶分校的电影系："录取这小子。"

他们照办了，我在加州大学洛杉矶分校待了一年。在那里我结识了雷·曼扎莱克和吉姆·莫里斯。他们当时都是朋克摇滚歌手，后来还组建了一支叫"大门"的摇滚乐队。我们一起拍片，一起闲荡。后来他们进入音乐圈，而我叔叔则为我在电影圈谋了一份跑腿的差事。我在沃尔泊工作室负责运输，这家工作室曾制作了《根》、《查理与巧克力工厂》和《荆棘鸟》而广受赞誉。最重要的是，沃尔泊还制作纪录片。这真是决定我一生的关键时期，因为它给了我人生的方向。回首往事，正是在那段时间，我才发现我的人生其实有很多选择。电影是个很大的产业。如果我想在电影业发展，又该做些什么呢？答案就是，我想成为电影制片人，但是因缘际会却让我寻找编剧的工作。因为我是沃尔泊工作室惟——个知道如何使用图书馆的人，因此便主动接下了研究工作。

我在沃尔泊工作室做了五年的研究，那时我还是年轻的小伙，而且我发现自己擅于挖掘创作素材。这就是我的天赋——我擅于挖掘创作素材。我发现了进攻者入侵古巴时在船上拍摄猪猡湾的真实电影胶片。我发现了格蕾丝·凯利[1]第一次当模特的跨页广告，当时她是个17岁的高中生。我还发现了玛丽莲·梦露的第一部影片，她当时用的还是结婚前的名字诺玛·让·贝克。

---

[1] 美国著名电影明星，奥斯卡影后。1956年嫁给摩纳哥王子，成为王妃和王后，轰动一时。1982年死于车祸，年仅53岁——译者注

我明白了，只要用心做事总会有所收获。我开始意识到，只要改变心理策略和精力投向，我就能把精力投入我追求的目标，机会就会垂青我。我可以选择自己成为什么样的人，做什么样的事。我还记得，当我突然醒悟的时刻，当时我认识到，我可以选择做一个成功者或失败者。这实际上改变了我的生活。那一刻我才恍然大悟，我可以选择自己想要的人生。

> 只要改变心理策略和精力投向，我就能把精力投入我追求的目标，机会就会垂青我。

当时我还得到一个教学的机会，并开始撰写我的第一本书。这要追溯到上世纪70年代。那是大探索和大实验的时代。我有幸参与电影工业的大转型。我们所有人都沿着这条未知的实验之路前行，制作我们想要在电视上看到的电视节目。当然，现在不可能再这样做——但我们就是这样起步的，用行动表明我们能做什么，创造出我们所谓的娱乐纪录片，这类节目的先驱是《法律与秩序》。

刚开始教学时，我的表现很糟糕。我是你可以想到的最差的老师，因为我有这样一种想法，既然我是教师，你们是学生，我就必须知道你们不知道的知识。就是这种想法让我成为最差的老师。每晚学生成群结队地离开教室时，我很清楚这样教学没有效果，所以我想："为什么我不能做回学生，而让他们做老师呢？"在课堂上，我开放专门的时间回答学生的提问，以身为读者、作家和老师的人生经历来回答问题。我开始认识到，每个人都有同样的问题：怎样才能写好剧本。

如何讲述故事？如何组织故事？如何创造故事人物，写出生动的对话，塑造鲜明而又复杂的性格？这些问题就成为我这本书的基本框架。写作过程中我读了许多剧本——至少有1万到1.5万本，现在可能有2万本了。我也卖出很多剧本，其中不少拍成电影，还有一些正在筹备中。回首往事，我才发现，一路走来总会有各种路标指引着我的方向。那时我还不知道教书也是其中之一，直到我发现我可以向人们收集问题，而不是像个傻瓜一样站在学生面前，或者自以为我懂得比他们多。于是，我重新开始写书，最终拟出章节大纲。我写了一篇导论和两个章节，两周之内就售出了版权。自此以后我就在全世界从事剧本写作和教学工作。

现在整个电影界又重新开始洗牌。大型工作室和主流媒体的影响力正逐渐减弱，正如音乐界所发生的变化一样。我们所有业内人士必须彻底改变我们在电影和电视业中的身份与角色。

即使现在我依然还在成长，这让我觉得有趣。此时此刻，经历了这么多年的磨练之后，就同一性而言，我仍然不是很清楚地知道我是谁，因为我一直随着时代潮流在改变，并且在这股潮流的推动下，我也在重塑我的身份。对我而言，同一性是

第 10 章 适应时代，调适身份

我能清醒意识到的事物，而任何能意识到的事物都有生命力，都会随着时代成长、变化并调整。如果不能调整

> 那些不能调整适应的人只能固步自封，一事无成，直到完全消失。

适应，你就玩完了。这种事我们见得太多了。那些不能调适的人只能固步自封，一事无成，直到完全消失。

不能顺应时代潮流的人，正是我的导师萨姆·佩金帕[1]过去常常描写的那类人。他相信，在变动的时代里总会有人无法改变，所以他执导了电影《日落黄沙》，描写四个脱离时代的亡命之徒。另一部类似的电影则是《虎豹小霸王》。影片中的两个亡命之徒因为无法适应铁路、电话和支票时代的到来，只好前往玻利维亚谋生；他们难以维持生计，因为他们惟一会做的就是抢劫银行。《日落黄沙》里的情形也一样——他们只会抢劫银行，而他们的职业和身份都是银行抢劫犯。然而，在当时，也就是 1907 年，世界已经发生变化，但他们却不知道如何适应这些变化。所以，了解变化世界中无法改变的人的确很重要，正是在此时我开始理解了同一性。

我必须做出调适，不然必遭淘汰，就这样。

---

[1] 美国著名导演，被誉为"暴力美学"电影的开山鼻祖，一生共导演电影 15 部，大都是亲自编剧——编者注

请 你 思 考

1. 你最大的敌人是自己吗？请列出一些你偏爱的行事方式。

2. 你反抗的事物会反过来控制你吗？

3. 悉德·菲尔德谈到了他生命中最重要的导师。你能请谁担当你的人生导师呢？

IDENTITY
第 11 章

全力达成你的愿景

没有愿景的人,如同行尸走肉。

——《旧约·箴言》29:18

罗布走在空荡荡的长廊上,听着运动鞋在上蜡的地板上发出刺耳的摩擦声。这双鞋的声音可真大,他心想,随后他在一扇门前停下,敲了敲门。

"请进!"

德雷珀教授从书橱边转过身来,手里端着骨白色的杯碟。

茶包的标签从杯子一侧垂了下来。他穿着灰色斜纹呢夹克,还好不是肘部有一块皮革衬垫的那种。

"喝杯茶吗?"

罗布摇了摇头。

他的导师朝桌前两张会客椅中的一张点了点头,罗布放松下来,坐到椅子上。

"你回来得挺早。布莱克城的暑假丰富多彩吗?还是迫不及待地想回来?"

"丰富多彩。我现在明白了,为什么你建议我回布莱克城度假会有收获。我还明白,为什么你建议我先选修那两门商业课程,以及计算机工程的所有相关课程。"

"虽然我有点特立独行,但毕竟是你的导师。我相信,课堂之外的经验也是学习的内容。大多数人都必须独立地探索生命的重要启示——当然要有正确的指导。"德雷珀教授的双眼闪烁着光芒,一如他年轻时那样热血沸腾。他接着说:"我迫不及待地想听到你的一切,特别是商业课程对你的帮助。"

"嗯,它们对我的帮助是我始料未及的。这个暑假,我仔细思考了同一性问题,包括我自己和其他人的同一性。我发现,这个问题比我预期的还要深奥,而且我自认为很了解的,实际上却大不相同。"

"学习真正重要的事情,都会经历这样的过程。"

第 11 章　全力达成你的愿景

"其中一个最奇特的发现是，受到商业课程的影响，我开始用思考品牌的方式来思考自我。在回家的路上，我读了你给我们推荐的一本书，即《至关重要的设计》(*Do you matter?——How great design will make people love your company*)。作者提到，考察品牌有一种很实用的方法，那就是把它当成你的个人特质或身份。'重要的是，人们如何看待和感受你的品牌。你对此无法控制。虽然你不能控制人们的感受，但你可以施加影响，确保你的行为能真实地代表你的身份和产品。'真正触动我的是书中的这段话，'你的品牌活在顾客的心中——它并不取决于你的宣传，而是取决于顾客的口碑。'成功的公司以拥有核心价值观为骄傲，并希望能将之反映在他们的产品上。他们想找出那些与他们拥有共同价值标准的顾客，并致力于给他们提供完美的消费体验，让他们的生活变得更加美好——有时甚至上一个台阶。至少对于我来说，最不可思议的事情是，我们每个人都能走上这条光明的道路——拥有愿景，就如公司拥有企业使命，让我们的价值来引领我们的行动——这样每个人都必然会走向成功。"

> 你的品牌活在顾客的心中——它并不取决于你的宣传，而是取决于顾客的口碑。

"嗯……我相信你这个暑假真的很有收获。"

"这还不是全部。从公司可以学到的另一件事情是，如果公司的产品变成了商品，公司就会出现危机。如果它们的产品和服务不能在情感上满足顾客的需求，他们与顾客的关系就会变得很脆弱。他们的市场地位就会变得岌岌可危。拿星巴克来说，如果它只关心价格和产品，那么当麦当劳开始提供咖啡时，就会受到重大打击。公司之所以重视这样做，是因为他们与顾客建立了真实的情感联系，并致力于提高顾客消费体验的质量。我不是说，我们要像推销产品一样来推销自己。只是认为，你应该从这个角度来思考你的生活——当与别人在一起时，你能提供什么价值和感受。所以，回到家中后，我就一直在思考一个问题：'我怎样才能让人们生活得更美好？'"

"看上去你这段时间对生活的确有着非常深刻的见解。现在，说说你所遇到的那些人吧。我喜欢听有关人的故事。"

第 9 步　忠于愿景

投入你所有的精力，努力实现你的目标。热忱和承诺能蕴育卓越，导向成功。你的挑战是培养与时俱进的能力，永不屈服，永不放弃。

第11章 全力达成你的愿景

成功之路

美国著名民权活动家　埃莉诺·乔塞提斯

讽刺的是，承诺反而能让人完全解放——不论是在工作、娱乐还是爱情上。

——安妮·莫里斯

1967年的暴乱，让底特律这个大都市和许多美国城市一样，因为种族问题而急剧分裂。一位年轻的白人家庭主妇，在舒适的郊区家里看着电视上的暴力场面，变得异常愤怒。在暴乱结束后不久，她就放弃了她居住的白人中产阶级社区，与丈夫及五个孩子搬到了市区的黑人居住区。家人并不喜欢这种突如其来的生活改变。她的公公宣布与她脱离关系，丈夫家的叔伯也要求她改名换姓。当有传言说她一心想要融合黑人与白人时，她收到了恐吓信和燃烧炸弹。

"有时我们也被吓坏了，"她叹息道，"但这并没有动摇我们必须完成的事业。"她招募了许多愿意为"锁定希望"（Focus：HOPE）工作的志愿者，该组织不仅每个月为43000名贫困老人、妈妈和儿童提供食物，还提供机械工程和信息技术的职业培训、儿童护理、商务会议设施、社区艺术活动，以及其他公益计划。"锁定希望"组织有 500 名成员和 51000 名支持者。当你将整个社区团结在一起时——不论老幼、贫富、肤色——一切皆有可能。

"任何值得努力的事业，单凭一己之力是难以完成的，"乔塞提斯说，"我们过于崇拜那些单凭一己之力成就事业的的英雄。某种程度上，我们总是期盼富有个人魅力的领导者来指引我们，但这种想法不切实际，正如我们看到那些油嘴滑舌、轻言许诺的人身陷囹圄，或者因不能兑现夸大的期望而逃之夭夭。你可以改变你的事业或者社区，但光靠你自己很难做到。你要找到那些志同道合的人，他们坚信能像你一样改造这个世界——你必须找到能和你一起实现理想的领导者！"

> 你可以改变你的事业或者社区，但光靠你自己很难做到。你要找到那些志同道合的人，他们坚信能像你一样改造这个世界。

"这一切都取决于你的同一性和行为的合二为一——两者必须相辅相成，"乔塞提斯边说，边握紧拳头，言辞中透露出一股凛然正义。"你必须投身于你信奉的事业，你还必须投身于正确的工作——然后迈出脚步，抓住机会。如果你需要一位领导者，也必须招募这样的人才。你担当的角色要与其他人产生联系，一如你自己与你的目标之间的联系。当你拥有这种感觉，就拥有了一支团队。"

第 11 章　全力达成你的愿景

　　她还说，招募人员加入她的团队，就是要发现"那些与你有着相同梦想的人——不要让任何一个人在还没努力尝试之前，就离开你或放弃！"

　　能够持续取得成功的人，都在人生的某个阶段克服了"我们都是孤单一人！"这一思维障碍。

　　美国参议员约翰·麦凯恩则付出了惨痛的代价，才领悟了这个道理。

成功之路

美国参议员 约翰·麦凯恩

"当我还是个年轻的飞行员时,我相信所有的荣耀都是属于个人的。我认为我不需要任何人的帮助,我可以独自完成任何要做的事。然而我在河内成为战俘时明白了,我必须仰赖他人、依靠他人,才能保持我的身心健康。当我跌倒时,他们会扶我起来,鼓励我,帮助我重燃激情。"

"我生命中最大的荣幸,就是在英雄连服役,在那里我目睹了无数充满勇气、同情和爱心的行为。"

令人惊讶的是,麦凯恩在五年半的战俘生活中幸存了下来,他将这段残酷的经历视为人生转型期。他说他很感激在越南的岁月,在那里他变得更有自信,并教会他相信自己的判断,在与人打交道的时候不必放弃自我感。

> 当你知道,你不但能做好你自己,还能超越自我,加入一个拥有宏伟目标的团队,生命中没有比这更美好的感受、更大的自由了。

"当你知道,你不但能做好你自己,还能超越自我,加入一个拥有宏伟目标的团队,生命中没有比这更美好的感受、更大的自由了。"

我喜欢参议员麦凯恩说的这段话，因为他一针见血地指出了同一性的核心——认清你自己、你的价值，以及什么对你最重要——还要做出承诺，努力实现你要为这个世界创造价值的愿景。这就是你迈向成功的通行证。

现在，一切操之在你。我认为，只要你对九步成功术融会贯通，用以指导自己的工作，就一定能从中受益。你必须去做这项工作，但不必孤军奋战。只要遵循成功的步骤，持续成功的美好生活就会到来。

九步成功术

第1步：检查身份

在决定你想要追求什么样的人生之前，必须首先理解你是谁，影响你一生发展的是什么，为什么会有这样的想法和行为。清醒的自我意识是成功的开始。除非你先了解自己，否则很难理解外部世界，也不知该如何应对。你的长处是什么？驱使你前进的动力是什么？你的短处是什么？什么会阻碍你的进步？你的行为模式是什么？你对什么充满激情？有时阻碍成功的最大障碍，是我们无意之中自设的，比如过去的心理创伤、事业或职业上的失败以及消极的态度都会阻碍你进步。请从失败和痛苦的经历中汲取教训，然后将它们抛诸脑后。把你的人生聚焦在你所关心和热爱的事物上，那么你的人生就永远不会平庸。

第 2 步：创设愿景

愿景是人生的目的地。它能帮助你认识和探索你的梦想和抱负。它能让你集中精力，心无旁骛。毫无疑问，愿景决定了你成就的高低。

明确的愿景，能让你为自己的事业及个人生活树立有意义的目标。你如何构想你的未来，可能的结果是什么？请描述一下你对个人生活和职业生涯所设定的短期和长期目标。

第 3 步：规划行程

为未来做好准备。如果你要实现你的愿景，追求更美好的人生，你就必须制定行动计划。有了行动计划，你就可以开始朝你的目标努力，就能掌控你的人生。你知道自己是谁，要往何处去，怎样才能到达目的地。计划能节省你的时间，让你保持专注，树立信心。

有人说过，制定目标的用意是为了让我们保持专注。光有才智并不能取得成就，除非还有明确的目标。一旦我们设定好目标，神奇的力量就会开始发生作用。这时你已开启开关，电流开始流动，力量转变为现实。不论你专注于什么事情，都会开花结果。

第 4 步：掌握规则

在追求美好人生的过程中，为了保持正确的方向，你需要一些人生准则的指导。这些规则始终如一，持续存在，不会改变。指导你人生的准则如下：

- 诚实
- 信任
- 努力工作
- 决心
- 积极态度

第 5 步：勇于挑战

要成长，就必须离开你的舒适区，直面恐惧，敢于冒险。在你追求成功的道路上，对未知的恐惧是你面对的最大障碍之

一。要想成功,你必须学会克服天生的恐惧,走出你熟悉和舒适的区域。请记住以下成功的秘诀:

- 风险是生命的天然组成部分;
- 原地踏步只有死路一条;
- 变化(成长)就意味着风险。

第6步:因应变化

如果只是重复昨天的行动,明天还会照旧。一定要学会如何创造变化和控制你的反应。应对环境的变化很重要,但创造和掌控你对人生变化的反应,甚至可能是成功九步骤中最重要的。如果变化的节奏超出了我们的应变能力,或者事情发展的速度超出了我们的理解能力,我们就会面临挑战。不过,与变化相伴而来的还有机遇和成长。

第7步:组建团队

独木不成舟。请建立支持性的人际关系,还包括你的人生导师,他能帮助你实现人生目标。学会信任别人,并取信于人。你肯定需要他人的帮助和鼓励。有了强大的团队协助,你能完成单凭一己之力所无法完成的事业。把那些关心你和认同你目标的人加进来。要建立一支强大的支持团队，信任至关重要。信任感总是通过行为模式展现出来的。你并不能轻易获得他人的信任；真正的信任是长期逐渐建立起来的。

请谨记于心：是导师选择你，而不是你选择导师。

第8步：赢在决策

你在这个世界上的成败得失，很大程度上都是迄今为止你在生活中所作决策的结果。你现在所作的这个重要选择，将会是你人生最大的一个挑战。如何分辨好的决策和坏的决策？好的决策会取得令人满意的结果：帮助你成长和达成你的目标。坏的决策会带来不利的结果。请思考决策对以下领域的影响，从而尽可能地提高你的决策能力：

- 对个人的影响
- 对家庭的影响
- 对职业和事业的影响
- 对工作的影响
- 对长远愿景的影响

第 9 步：忠于愿景

持续不断地投入你的时间和精力，努力追求你的目标愿景。

热忱和承诺能蕴育卓越，导向成功。承诺是你安身立命的根基，需要日省和履行。要实干，而不要空谈。

你的成功建立在你对以下事情的探索上：

1. 探索你是谁。
2. 探索这项知识如何应用于你生活的世界。
3. 让探索过程成为你每天的例行之事，这样才能永远保持成功。

与多变的世界共存共荣，这种能力是一种挑战，永不屈服，永不放弃。

总　结

在当今世界经济形势严峻的时代，我希望你能明白，你有潜力创造属于你的人生，做你想做的人。你必须认识到，生而为人，并不依附于外界如何看待你，而是基于你如何看待自己。借助于教育、努力和目标导向，你能重新发展、进步并创造机会，定义和确定你的同一性和未来。

当你拥有这一切时，你就能赞美你生命中的每一天，为人类与生俱来的权利和自由喝彩！

祝你在成功的道路上一路顺风！

图书在版编目（CIP）数据

自知力：建立自我同一性，打造成功通行证/（美）葛瑞汉（Graham, S.）著；王伟平 译.
—北京：商务印书馆，2013
ISBN 978-7-100-09949-3

Ⅰ.①自… Ⅱ.①葛…②王… Ⅲ.①成功心理—通俗读物 Ⅳ.①B848.4-49

中国版本图书馆CIP数据核字（2013）第094105号

版权所有。未经出版人事先书面许可，对本出版物的任何部分不得以任何方式或途径复制或传播，包括但不限于复印、录制、录音，或通过任何数据库、信息或可检索的系统。

本授权中文简体字翻译版由培生教育出版公司和商务印书馆合作出版。此版本经授权仅限在中华人民共和国境内（不包括香港特别行政区、澳门特别行政区和台湾地区）销售。

本书封底贴有培生公司防伪标签，无标签者不得销售。

所有权利保留。
未经许可，不得以任何方式使用。

自知力

〔美〕史蒂曼·葛瑞汉 著
王伟平 译

商 务 印 书 馆 出 版
（北京王府井大街36号 邮政编码100710）
商 务 印 书 馆 发 行
山东临沂新华印刷物流集团
有 限 责 任 公 司 印 刷
ISBN 978-7-100-09949-3

2013年10月第1版　　开本 880×1230　1/32
2013年10月第1次印刷　印张 7
定价：36.00元